U0300637

高 等 学 校 试 用 教 材

建设工程造价管理

清 华 大 学　朱　嬿　主编

重庆建筑大学　毛鹤琴　主审

中国建筑工业出版社

图书在版编目（CIP）数据

建设工程造价管理/朱嬿主编．—北京：中国建筑工业出版社，1998
高等学校试用教材
ISBN 978-7-112-03414-7

Ⅰ．建…　Ⅱ．朱…　Ⅲ．建筑造价管理-高等学校-教材　Ⅳ．TU723

中国版本图书馆 CIP 数据核字（97）第 22447 号

本书从理论与实际相结合的原则出发，着重于实用和可操作，具体介绍如下内容：建设工程造价的构成；建筑工程定额；建筑工程造价的确定；建筑工程造价的结算与决算；建设工程造价的控制；计算机在建筑工程概预算编制中的应用。

为了便于教学需要，书中重要章节均有实例帮助理解。特别是在土建单位工程预算的编制一节中详细介绍了工程量计算的方法与技巧，对初学者是很有帮助的。在计算机在建筑工程概预算编制中的应用一章中，列举了几个预算应用软件供参考。

本书用作大专院校建筑管理工程专业及相关专业师生的教材，也可供建筑工程设计、施工、管理人员和概预算人员使用。

高等学校试用教材

建设工程造价管理

清 华 大 学　朱　嬿　主编
重庆建筑大学　毛鹤琴　主审

*

中国建筑工业出版社出版、发行（北京西郊百万庄）
各地新华书店、建筑书店经销
北京建筑工业印刷厂印刷

*

开本：787×1092毫米　1/16　印张：12½　字数：230千字
1998年6月第一版　2014年7月第十八次印刷
定价：**22.00**元
ISBN 978-7-112-03414-7
(20775)

前　　言

推进建筑业工程造价管理体制的改革是当前建筑业的重要任务之一。为适应从社会主义计划经济转到社会主义市场经济的变化，建设工程造价管理也应有一个相应的转变。因此，本书编写过程中贯穿了从可行性研究到竣工结算的全过程动态管理，并参考了1995年的全国统一建筑工程基础定额，删除了原有人工费用的计算模式，使之更适应市场经济体制的需要。

考虑到建筑工程概预算的编制和审核是工程管理人员所必须具备的能力，本书在工程量计算一节特别详述了有利于加快工程量计算速度及防止计算过程中漏项的一些技巧，因此比较适于教学及初学者使用。为了加强施工工地管理人员对安装工程知识的全面了解，本书增加了水、暖、电安装工程预算做法并列举算法实例，这是当前建筑工程管理人员不可欠缺的知识。

在建筑工程造价确定一章中，增加了前期工程投资估算及设计概算的一些概念和方法，建设工程造价控制一章介绍了从投资决策、设计、施工等各阶段的控制方法，使得工程造价的概念更加完善和全面。

建设部在"九五"期间重点推广应用10项新技术的通知中，第10项是现代管理技术与计算机应用，并且强调应用软件推广的重点中就有预算软件和投招标报价软件，因此本书在编写过程中加入了当前建设工程造价管理方面计算机及其相应软件的使用情况，同时列选几个由高等院校、软件公司、施工集团等不同单位开发的概预算软件作了简介，仅供参考。

本书第一、四章由西北建筑工程学院王维如编写；第二章由清华大学朱嬿、西北建筑工程学院王维如编写；第三章第一、二、三节由清华大学刘洪玉编写，第四节由西北建筑工程学院王维如编写，第五节由西北建筑工程学院高振生编写；第五章第一、四节由清华大学刘洪玉编写、第二、三节由清华大学朱嬿、刘洪玉编写；第六章由清华大学朱嬿、王守清、西安立达软件研究所邓远鹏编写，第七章由西北建筑工程学院王维如编写。全书由重庆建筑大学毛鹤琴主审。

本书在编写过程中参阅了许多专家、学者的论著。在审稿定稿过程中得到北京建筑工程学院丛培经的许多帮助。在此一并向大家表示真诚的感谢。由于我们水平有限，书中不当之处敬请读者指正。

目　　录

第一章 建设工程造价的构成

第一节 建设工程造价概述

一、建设工程造价的概念

所谓建设工程造价，一般是指从事某项工程建设花费的全部工程费用。它是由建筑工程费，设备购置费、设备安装费、工器具家具购置费及其他工程和费用组成。

由于我国人口多、底子簿，国家每年能提供的建设资金极为有限，而国家经济发展对建设资金的需求却越来越强烈。为此，在工程项目的建设中，如何按照客观经济规律办事，加强经营管理，实行经济核算，提高投资效益，是实现我国社会主义现代化建设的一个重要问题。然而，要提高建设项目的投资效益，就必须对建设项目建造的全过程进行投资控制。投资控制的关键在于正确确定建设工程各个建设阶段的建筑工程造价。正确确定各建设阶段的建筑工程造价的关键又在于编制好设计阶段的设计概算，施工阶段的施工图预算以及竣工阶段的竣工决算。即所谓基本建设的"三算"。为了加强对基本建设"三算"的管理和建设工程各个阶段的投资控制，就应正确划分建设工程项目，了解建设工程造价的构成。

二、建设工程项目的划分

（一）建设项目

建设项目是指按照一个总体设计和总概（预）算书控制形成一个独立经济实体的所有工程项目的总称。它具有以下特点：

（1）具有独立的行政组织机构；

（2）是独立的经济实体；

（3）具有总体设计和总概（预）算。

通常一个建设项目就是一个建设单位。它可以只有一个单项工程，也可以具有若干个单项工程。

（二）单项工程

单项工程是指具有本工程项目的全套设计图纸和相应的概（预）算书，建成后能独立的发挥生产能力或使用效益的工程项目。

例如，某高等学校的综合教学楼，有本工程的独立设计图纸和相应的概（预）算书。当其土建、水、暖、电、通等单位工程竣工后，即能独立的发挥使用效益。所以说，一个单项工程是由若干个单位工程组成的。对于生产性工程项目的车间厂房来说，它们应具有各自的独立设计图纸和相应的概（预）算书，当它们的建筑工程和设备安装工程竣工后，就可以形成制造产品的生产能力，并产生与之相应的经济效益。所以说，一个单项工程是由若干个单位工程组成的。

（三）单位工程

单位工程是指具有本单位工程的设计图纸和相应的概（预）算书，但建成后不能独立地形成生产能力或发挥使用效益的工程项目。必须明确的是任何一个单项工程都是由若干个不同专业的单位工程组成的。这些单位工程可以归纳为建筑工程和设备安装工程两大类。任何一个工业厂房单项工程只完成建筑工程类的单位工程，不完成设备安装类的单位工程，是不能投产发挥生产能力的；任何一个民用建筑单位工程只完成土建单位工程，不完成给排水、电气照明、采暖等单位工程，也是不能发挥使用效益的。

（四）分部工程

分部工程是按照单位工程的不同部位、不同施工方式或不同材料和设备种类，从单位工程中划分出来的中间产品。所以任何一个单位工程都是由若干个分部工程组成的。

例如，土建单位工程就是由土石方工程、桩基工程、砖石工程、混凝土及钢筋混凝土工程、金属结构工程、构件运输与安装工程、木作工程、楼地面工程、屋面工程和装饰工程等分部工程组成的。

（五）分项工程

分项工程是指通过较为简单的施工过程就能生产出来，并可以利用某种计量单位计算的最基本的中间产品。它是按照不同施工方法或不同材料和规格，从分部工程中划分出来的。

例如，M5混合砂浆砌一砖外墙，这个分项工程的施工方法是砌筑，材料是M5混合砂浆和标准砖，规格为240mm厚，部位为外墙，并可用$10m^3$或$100m^2$计量单位计算其工程量。所以它是从砖石分部工程中划分出来的分项工程。分项工程是编制各种概（预）算的基本单元。

三、建设工程造价的分类

建设工程造价除具有一切产品价格所共有的特点外，它还具有其自身的特点，如单件性计价、多次性计价和按构成的分部计价等特点。所谓单件性计价，就是由于每一项建设工程都有自己不同的结构、造型、装饰和不同的体积或面积，采用不同的工艺设备和建筑材料。所以，建筑工程的造价只能是单件计价。即使是使用同一套施工图的建设工程，也会由于建造时间和建造地点的不同，同样需要按照国家规定的计价程序计算工程造价。

所谓多次性计价，这是由于建设工程的生产周期长，而且是分阶段进行，逐步加深。为了适应各建设阶段的造价控制与管理，建设工程造价应按照国家规定的计价程序并根据建设工程决策阶段、设计阶段、发包阶段和实施阶段的编制条件，分别计算估算、设计概算、施工图预算和竣工结算与决算造价等。

所谓按构成的分部计价，是由于建设项目均为若干单项工程的组合，而每一单项工程又是为若干单位工程的组合。所以，建设工程具有按工程构成分部组合计价的特点。比如，要确定建设项目的总造价，则应首先确定单位工程的造价，再以此为基础计算单项工程的综合造价，最后汇总为建设项目的总造价。

综上所述，建设工程造价按其建设阶段计价可分为：估算造价、概算造价、施工图预算造价以及竣工结算与决算造价等；按其构成的分部计价可分为：建设项目总概预决算造价、单项工程的综合概预结算和单位工程概预结算造价。建设工程造价的分类如图1-1所示。

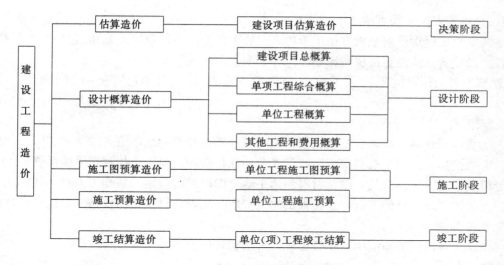

图 1-1 建设工程造价分类示意图

第二节 建设工程造价的构成

建设工程造价是由建筑安装工程造价、设备及工器具家具购置造价以及建设工程的其他投资造价等内容组成的。

一、建筑安装工程造价的构成

建筑安装工程造价是指修建建筑物或构筑物、对需要安装设备的装配、单机试运转以及附属于安装设备的工作台、梯子、栏杆和管线铺设等工程所需要的费用。

例如：土建、给排水、电气照明、采暖通风、各类工业管道安装和各类设备安装等单位工程的造价均称为建筑安装工程造价。它是由直接工程费、间接费、计划利润和税金四部分费用组成的。如图 1-2 所示。

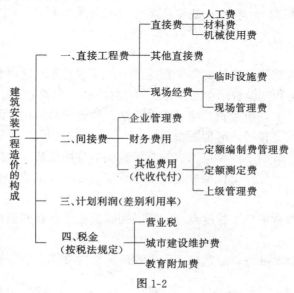

图 1-2

（一）建筑安装工程直接费

建筑安装工程直接费是指直接用于建筑安装工程中的各种费用的总和。它是由人工费、材料费、机械费、其他直接费和现场经费等五项费用组成。即：

建筑安装工程直接费 ＝ 人工费 ＋ 材料费 ＋ 机械费 ＋ 其他直接费 ＋ 现场经费

(1-1)

1．人工费

人工费是指直接从事建筑安装工程施工的生产工人和辅助生产工人的基本工资、辅助工资、工资性津贴、职工福利费和生产工人劳动保护费等。但不包括材料采购保管员、驾驶施工机械和运输工具的工人以及材料到达工地仓库以前的搬运、装卸工人和其他由施工管理费支付的管理人员的工资，上述人员的工资应分别列入材料预算价格、机械台班单价和施工管理费中。

在单位工程概预算编制中，单位工程的人工费按照公式（1-2）计算：

$$单位工程人工费 ＝ \sum（分项工程人工消耗量 \times 人工工日单价）\quad (1-2)$$

2．材料费

材料费是指为完成建筑安装工程，所需要的材料、构配件、零件和半成品的费用以及周转材料的摊销费。

在单位工程概预算编制中，单位工程的材料费按照公式（1-3）计算：

$$\begin{matrix}单位工程\\的材料费\end{matrix} ＝ \sum\left(\begin{matrix}分项工程材料、构配\\件、半成品的消耗量\end{matrix} \times \begin{matrix}相应材料\\预算价格\end{matrix} ＋ \begin{matrix}周转材料\\的摊销量\end{matrix} \times \begin{matrix}相应材料\\预算价格\end{matrix}\right) \quad (1-3)$$

3．机械费

是指建筑安装工程施工过程中，使用施工机械所发生的费用。在单位工程概预算编制中，单位工程的机械费按照公式（1-4）计算：

$$\begin{matrix}单位工程\\的机械费\end{matrix} ＝ \sum\left(\begin{matrix}分项工程机械\\台班的消耗量\end{matrix} \times \begin{matrix}相应机械\\台班单价\end{matrix}\right) \quad (1-4)$$

以上三项之和，称做单位工程概预算的项目直接费。又称定额直接费。

单位工程项目直接费 ＝ 单位工程人工费 ＋ 单位工程材料费 ＋ 单位工程机械费

(1-5)

4．其他直接费

其他直接费是指直接用于建筑安装工程施工上的某些费用，这些费用又不便列入某一分项工程的人工、材料和机械费用中的费用。如：材料的二次搬运费、冬雨季施工增加费、夜间施工增加费、生产工具使用费、施工流动津贴、建筑材料和构件的试验检验费以及工程的放线复测、工程点交和场地清理等费用。

在单位工程概预算编制中，单位工程的其他直接费按照公式（1-6）计算：

单位工程其他直接费＝单位工程项目直接费（或安装工程人工费）×其他直接费费率

(1-6)

式中，其他直接费费率与工程地点、工程类别以及施工企业的属性和等级有关。

5．现场经费

现场经费是指施工准备、组织施工和管理所需要的费用。它包括临时设施费和现场管理费。

（1）临时设施费：临时设施费是指施工企业为进行建筑安装工程施工而必须搭建的生活和生产用的临时建筑物、构筑物和其他临时设施等所用的费用。它包括临时宿舍、办公室、仓库、加工厂以及规定范围以内的道路、水电管线等临时设施的费用。临时设施费用的内容包括：临时设施的搭建、维修、拆除费或摊销费、临时设施费由施工企业包干使用，按专用基金管理。

（2）现场管理费：现场管理费是指现场管理人员的工资、办公费、差旅交通费、现场管理及试验部门使用的固定资产的设备、仪器等折旧、大修理维修费或租赁费等、工具用具使用费、施工财产及安全保险费、工程保修费和工程排污费等。

在单位工程的概预算编制中，单位工程的现场经费按公式（1-7）计算：

单位工程现场经费＝单位工程项目直接费(或安装工程人工费)×现场经费率 （1-7）

（二）建筑安装工程间接费

建筑安装工程间接费是指虽不直接由施工工艺过程所引起，但却是施工企业为组织和管理建筑安装工程施工所发生的各项经营管理费用。这些费用只能间接分摊到各单位工程上。间接费是由企业管理费、财务费和其他费用组成的。

1. 企业管理费

企业管理费是指为组织和管理建筑安装工程施工所发生的各项经营管理费用。它包括：

（1）管理人员工资：指施工企业的政治、行政、经济、技术、试验、炊事和勤杂人员的基本工资、辅助工资、工资性津贴、以及按规定标准计取的职工福利费和劳动保护费等。

（2）办公费：指企业行政办公用的文具、纸张、书报、邮电、会议、水、电、气等费用。

（3）交通旅差费：指企业职工因公出差、调动工作的旅差费，住勤补助费，探亲假路费、交通工具的油料、燃料、牌照、养路费以及市内交通费等。

（4）企业固定资产使用费：指企业行政管理部门使用的属于固定资产的房屋、设备、仪器等的折旧、大修、维修、租赁等费用以及房产税和土地使用税等。

（5）企业行政工器具、家具使用费：指企业行政管理部门使用的不属于固定资产的工具、器具和家具用具等的购置、摊销和维修费。

（6）职工教育经费：指企业为职工学习先进技术和提高文化水平，并按照职工工资总额的1.5％计提的费用。

（7）工会经费：指企业按职工工资总额2％计提的工会经费。

（8）保险费：指企业财产保险、管理用车辆等保险费用。

（9）税金：指企业按照规定应交纳的房产税、车辆使用税、土地使用税及印花税等。

2. 财务费用

企业财务费用是指企业为筹集资金而发生的各项费用。它包括企业经营期间发生的短期贷款利息净支出、金融机构手续费以及企业筹集资金发生的其他财务费用。

3. 其他费用

其他费用是指按规定企业应支付的劳动定额管理部门的定额测定费以及按有关部门规定的上级管理费等。

间接费是根据国家或是其授权机关，依照党的方针政策和建筑施工企业在一定时期的经营管理水平等情况制定的标准计取的。它与企业的级别和所承担工程的类别有关，在单位工程概预算的编制中，单位工程的间接费按公式（1-8）计算：

$$单位工程间接费＝单位工程的直接费（或安装单位工程的人工费）×间接费费率$$

$$(1-8)$$

4. 劳动保险基金

劳动保险基金是指国有施工企业，由福利基金以外按劳保条例规定支出的离退休职工的费用和病假六个月以上的劳保工资，以及按职工工资提取的职工福利基金等。按照建设部、中国人民银行建标（1993）894 号文件精神，劳动保险费、职工养老保险费及待业保险费应列入间接费中，鉴于我国正在实行行业劳保统筹，故未列入间接费中。劳保基金费用暂按公式（1-9）计算：

$$单位工程劳保基金费＝单位工程的直接费（或安装单位工程的人工费）×劳保基金费率$$

$$(1-9)$$

5. 贷款利息

贷款利息是指施工企业的流动资金贷款应支付的利息，建设单位提供预付工程款时，此流动资金的贷款利息已计入间接费的财务费中；如果建设单位不提供预付工程款，贷款利息则按公式（1-10）计算：

$$单位工程贷款利息＝单位工程的直接费（或安装单位工程的人工费）×贷款利率$$

$$(1-10)$$

式中，贷款利率应根据建设单位是否提供三材或六材，还是全部材料由施工单位供应的具体情况实行差别费率。

（三）计划利润

在社会主义制度下，利润是劳动者为社会创造的价值，是社会积累的主要来源，也是衡量企业经营成果的一个综合指标。利润率是利润与企业占有资金和成本的比值，也是考核企业经营活动效果好坏的重要指标。用公式（1-11）表示：

$$利润率＝\frac{利润}{企业占有资金＋成本} \qquad (1-11)$$

计划利润是指按国家规定的利润率计取的利润。计划利润以建筑安装工程的直接费与间接费之和为取费基础，并依据企业级别和工程类别实行差别利率。并按公式（1-12）计算：

$$单位工程计划利润＝建筑单位工程的（直接费＋间接费）（或安装单位工程的人工费）$$
$$×利润率 \qquad (1-12)$$

（四）税金

各种商品的价格，一般均由成本、利润和税金三个部分构成，建筑产品也是商品，因此其价格的构成，也应包括成本、利润和税金三个部分。按照国家规定，应计入建筑产品价格的税金有工商营业税、城市维护建设税和教育费附加税。

1. 工商营业税

为适应基本建设经济体制的改革，有利于推行招投标制度，维护税收政策的统一性和严肃性，国家规定对国营建筑施工企业承包建筑安装工程或其他工程业务所取得收入，一律恢复征收工商营业税制度。工商营业税征收的基数是建筑安装工程的不含税造价总额扣除专用基金后的造价，又称应税造价。

2. 城市维护建设税

为加强城市维护建设，扩大稳定城市维护建设资金的来源，特设立征收城市维护建设税的规定。用城市维护建设税的税金来保证城市公用事业和公共设施的维护建设。城市维护建设税的计取基础与工商营业税相同，并按占工商营业税的比值进入综合税率中。

3. 教育费附加税

为贯彻落实中共中央关于教育体制改革的决定，加快发展地方教育事业，扩大地方教育资金的来源，特设立征收教育费附加税的规定。教育费附加税的取费基础也与工商营业税相同，并按占工商营业税的比值计取进入综合税率中。

按照有关税法及税务部门计算税金的办法，计算建筑产品的综合税率，如公式（1-13）所示：

$$综合税率 = \left(\frac{1}{3\% - 3\% \times a\% - 3\% \times 2\%} - 1 \right) \times 100\% \tag{1-13}$$

式中　3%——工商营业税税率；

2%——教育费附加税税率；

$a\%$——城市维护建设税税率。当纳税人所在地为城市。则 $a\%$ 取 7%；纳税人所在地为县镇，则 $a\%$ 取 5%；纳税人所在地为偏僻地区，则 $a\%$ 取 1%。

在建筑工程概预算的编制中，单位工程的税金按公式（1-14）计算：

$$单位工程税金 = 单位工程的不含税造价 \times 综合税率 \tag{1-14}$$

式中，不含税造价指单位工程的直接费、间接费（包括劳保基金和贷款利息）、计划利润之和。

二、设备及工器具家具造价的构成

设备及工器具家具的造价是由设备购置费和工器具家具购置费组成的。

设备购置费是指建设项目中达到固定资产标准的设备购置费，而工器具家具购置费则是指那些达不到固定资产标准的设备购置费。

目前确定固定资产的标准是：使用年限在一年以上，单位价值在 2000 元以上的设备。具体由各主观部门规定。并按公式（1-15）计算：

$$设备购置费 = 设备的原价 + 设备的运杂费$$
$$工器具家具购置费 = 设备购置费 \times 规定的定额费率 \tag{1-15}$$

（一）设备的原价

1. 国产标准设备的原价

所谓国产标准设备是指定型而且批量生产的设备。标准设备的原价一般是指设备制造厂带配件的出厂价；如果设备是由设备成套公司供应，则订货合同价为设备的原价。

2. 国产非标准设备的原价

所谓国产非标准设备是指国内尚无标准图或无定型标准的设备，故而这类设备尚未成批生产，必须提供设计图纸才能订货制造。非标准设备的原价，目前多采用以下估价方法确定：

（1）材料费：是指本厂自制的铸件、锻件以及外厂协作件所用各类金属材料的价值。按公式（1-16）计算：

$$材料费 = 设备净重 \times （1 + 加工损耗率） \times 每吨材料的综合价 \tag{1-16}$$

式中，设备净重—按照设计图纸计算出设备用料的重量（不包括其中标准件的重量）。

$$每吨材料综合价 = \frac{\sum P_i Q_i}{\sum Q_i} \qquad (i = 1, 2, \cdots\cdots, n) \qquad (1\text{-}17)$$

式中　P_i——i 种材料的单价（元/t）；

　　　Q_i——i 种材料重量（t）。

（2）加工费：是指生产工人的基本工资、辅助工资、工资性津贴、工资附加费、劳动保护费、设备折旧费、动力燃料费以及工厂经费与企业管理费等，并按以下原理计算：

$$加工费：材料费 = 加工费占比重：材料费占比重$$

$$加工费 = 材料费 \times \frac{加工费占比重}{材料费占比重} \qquad (1\text{-}18)$$

式中，加工费和材料费占比重可根据设备制造定额规定计取。无规定者，参考标准设备的加工费和材料费占设备费的比重。并按公式（1-19）计算：

$$标准设备加工费（或材料费）占比重 = \frac{标准设备加工费（或材料费）}{标准设备费} \times 100\% \qquad (1\text{-}19)$$

（3）辅助材料费：是指加工设备所消耗的焊条、氧气、油漆、电石等材料的价值。可按上述原理计算。即公式（1-20）。

$$辅助材料费 = 材料费 \times \frac{辅助材料费占比重}{材料费占比重} \qquad (1\text{-}20)$$

式中，辅助材料费和材料费占比重可根据设备制造定额规定计取。无规定者，参考标准设备的辅助材料费和材料费占设备费的比重。并按公式（1-21）计算：

$$标准设备辅助材料费占费比重 = \frac{标准设备辅助材料费}{标准设备费} \times 100\% \qquad (1\text{-}21)$$

（4）其他费用：是指专用工具费、废品损失费、外购配套件费、包装费、利润和税金等。也可按上述原理计算。即公式（1-22）。

$$其他费用 = 材料费 \times \frac{其他费用占比重}{材料费占比重} \qquad (1\text{-}22)$$

式中，其他费用和材料费占比重可根据设备制造定额规定计取。无规定者，参考标准设备的其他费用和材料费占设备费的比重。并按公式（1-23）计算：

$$标准设备其他费用占材料费比重 = \frac{标准设备的其他费用}{标准设备的材料费} \qquad (1\text{-}23)$$

（5）非标准设备的设计费：按国家统一规定，非标准设备的设计费为设备材料费、设备加工费、辅助材料费和其他费用总和的 $10\% \sim 15\%$。即公式（1-24）。

$$非标准设备的设计费 = （材料费 + 加工费 + 辅助材料费 + 其他费用）\times 设计费费率$$

$$(1\text{-}24)$$

式中，设计费费率为 $10\% \sim 15\%$。

3. 进口设备的原价

所谓进口设备，是指通过国际贸易或经济合作途径，采取不同的贸易方式，从国外购买成套设备或专有工艺和设备以及与之相应的工艺设计和技术软件等，获得生产产品的技术。进口设备的原价一般由货价、国外运输费、运输保险费、关税、银行财务费、外贸手续费和增值税等构成。

（1）进口设备的货价：根据进口设备的交货方式大致可分为三类：

1）内陆港交货方式：这是指双方在出口国内陆的某个地点完成交货任务。在出口国内陆交货地点及时提交合同规定的货物和有关凭证，并负担交货前的一切费用及风险；进口国按时接受货物，交付货款，负担接货后的一切费用和风险，并自行办理国外内陆运输、出口手续及装运出口等工作。这类交货方式对进口国极为不便，在国际贸易中应用较少。内陆港交付的货款额，便是进口设备的货价。

2）目的地交货方式：这是指卖方要在进口国家的某个港口或内地完成交货任务。进出口国家双方承担的责任和风险，是以目的地交货地点为分界线。只有当出口国在目的交货地点将货物交于进口国才算交货。这种交货方式对出口国风险大，在国际贸易中，出口国一般不愿意采用这类交货方式。目的地交付的货款额，便是进口设备的货价。

3）装运港交货方式：这是指卖方在出口国装运港完成交货任务。这种交货方式是出口国按照约定时间，在出口国的某个装运港的船上，及时提交合同规定的货物和有关凭证，并负担交货前的一切费用和风险。进口国按时接受货物，交付货款，负担接货后的一切费用和风险。

我国多采用装运港船上交货方式进口设备。采用这种方式交货时，船上交付的货款额，便是进口设备的货价。装运港船上交货的货价又叫离岸价。

（2）进口设备的原价：采用装运港交货方式，进口设备的原价可按公式（1-25）计算：

进口设备原价＝离岸价＋国外运输费＋运输保险费＋银行财务费

＋外贸手续费＋关税＋增值税

＝抵岸价＋关税＋增值税　　　　　　　　　　　　　（1-25）

式中　国外运输费——由国外港口运往进口国港口的运杂费；

运输保险费——按中国人民保险公司规定收取标准，收取的海上运输保险费。可按公式（1-26）简化计算：

海运保险费＝离岸价×2.66‰　　　　　　　　　　（1-26）

银行财务费——指中国人民银行经营外汇买卖业务，办理进出口信贷工作的手续费。可按公式（1-27）简化计算：

银行财务费＝离岸价×4‰　　　　　　　　　　　（1-27）

外贸手续费——指按照对外经济贸易部规定的外贸手续费率计取的费用。可按公式（1-28）简化计算：

外贸手续费＝（离岸价＋国外运输费＋运输保险费）×1.5‰　　（1-28）

关税——是根据国家指定和公布的关税税则，向进出关境的物品征收的税。对进口设备征收的税是进口税。它包括财政关税和保护关税两种。财政关税是以增加国家财政收入为主要目的而征收的关税。保护关税则是以保护本国工农业生产发展为目的而征收的关税。我国进口设备的关税有最高和最低两种税率。凡与我国订有贸易协定的国家均采用最低税率；凡与我国没有贸易协定的国家均采用最高税率。一般进口设备的关税可按公式（1-29）计算：

关税＝抵岸价×20%　　　　　　　　　　　　　（1-29）

或简化为公式（1-30）。

关税＝离岸价×1.065×20%　　　　　　　　　　（1-30）

增值税——是指我国财政部门对从事进口贸易的单位或个人征收的税额，可按公式

（1-31）计算：

$$增值税 = （抵岸价 + 关税）\times \frac{增值税率}{1 - 增值税率} \qquad (1\text{-}31)$$

由此，进口设备的原价可写成（1-32）。

进口设备原价 =（岸价 + 国外运费 + 运输保险费 + 银行财务费 + 外贸手续费）

$$（1 + 20\%）\left（1 + \frac{增值税率}{1 - 增值税率}\right） \qquad (1\text{-}32)$$

（二）设备的运杂费

设备的运杂费是指设备由交货地点（或进口设备的抵达港口）运至工地仓库所发生的国内运输费、装卸费、供销部门手续费、采购方自备包装品的包装费和采购保管费等费用总和。由于设备种类繁多，各种设备来源、供应情况和运输方式不一，不能逐台计算其运杂费，一般根据主管部门规定的设备运杂费率按照公式（1-33）计算：

$$设备运杂费 = 设备原价 \times 设备运杂费率 \qquad (1\text{-}33)$$

一般来讲，进口设备的运杂费率比国产设备的运杂费率要高；国产设备内地和交通不便利地区的设备运杂费率比沿海和交通便利地区的设备运杂费率要高；边远地区的设备运杂费率则更高一些。中央各部门对国产和进口设备的运杂费率均有详细规定。

三、建设工程其他费用的构成

建设工程其他费用大体可分为三类。

第一类，土地转让费，由于建筑工程项目固定在一定的地点，必需占用一定量的土地，也就必然要发生为获得建设用地而支付的费用。

第二类，与建设项目有关的费用，如勘察设计费、科研试验费、建设单位管理费等。

第三类，与未来企业生产和经营活动有关的费用，如生产人员培训费、联合试车费等。

（一）土地转让费

土地转让费包括土地补偿、青苗补偿、被征地附着物补偿、安置补偿和征地管理费等。

1. 土地补偿费

$$土地补偿费 = 耕地前三年的平均年产值 \times K \qquad （K = 3 \sim 6） \qquad (1\text{-}34)$$

2. 青苗补偿费及被征地上附着物补偿费

$$青苗及被征地上附着物补偿费 = 征地范围内的数量 \times 补偿标准 \qquad (1\text{-}35)$$

式中补偿标准，由各省、自治区、直辖市人民政府制定。

3. 安置补偿

$$安置补偿费 = 需要安置的农业人数 \times 每人安置补助费 \qquad (1\text{-}36)$$

式中，需要安置的农业人数，可按被征地单位农业户籍人口和其耕地面积的比例及征地面积计算。即：

$$需要安置的人数 = \frac{被征地单位征地前农业人口数}{耕地面积} \times 征地面积 \qquad (1\text{-}37)$$

$$每人安置补助费 = 被征地每亩年产值 \times K_1 \qquad （K_1 = 2 \sim 3） \qquad (1\text{-}38)$$

4. 征地管理费

$$征地管理费 = 征地费 \times 征地管理费率 \qquad (1\text{-}39)$$

式中，征地管理费率，根据不同情况采用不同标准。凡一次性征地面积大，而安置工作量不大时，征地管理费率取1%；凡一次性征地面积较小，而安置工作量较大时，征地管理费率取 2%。如有特殊情况，经当地政府批准，可适当提高，但最高不得超过 4%。

（二）与建设项目有关的费用

与建设项目有关的费用是指：勘察设计费、科学研究费和建设单位管理费等。

1. 勘察设计费

勘察设计费是指委托设计单位进行勘察设计时，按规定应支付的工程勘察设计费以及为进行可行性研究所支付的费用等。勘察设计费按照国家计委颁发的关于勘察设计费的收费标准和有关规定进行编制。

2. 科学研究费

科学研究费是指为本建设项目提供设计数据或资料所必须进行的试验或检验费以及支付先进技术的一次性技术转让费。这些费用是按照建设项目总投资的比例收取的。目前尚无统一规定，暂由各部门自行确定。

3. 建设单位管理费

建设单位管理费是指建设单位为了进行建设项目的筹建、联合试运转、验收和总结等工作所发生的管理费。不包括应计入设备、材料预算价格的建设单位采购及保管所需的费用。建设单位管理费是按照建设项目总投资的比例收取，比例数尚无统一规定，暂由各部门自行确定。

（三）与未来企业生产经营活动有关的费用

与未来企业生产经营活动有关的费用是指：生产职工培训费和联合试车费。

1. 生产职工培训费

生产职工培训费包括以下内容：

（1）新建企业或扩建企业，在交工验收前自行或委托其他厂矿培训技术人员、技工或管理人员所支付的费用。

（2）生产单位为了参加建筑施工、设备的安装与调试等提前进厂人员所支付培训费用。

$$职工培训费 = 生产人员设计定员 \times 培训人员比例 \times 培训期限 \times 费用定额 \quad (1\text{-}40)$$

2. 联合试车费

联合试车费是指新建或扩建工程项目竣工前，按照规定应进行有负荷和无负荷的联合试运转所发生的费用。当其试运转的支出大于收入时，费用收入与费用支出的差额，便称做联合试车费。试运转支出费用按公式（1-41）计算：

$$有负荷联合试车费 = 试车天数 \times 日产量 \times 单位产品成本 - 产品销售收入$$
$$无负荷联合试车费 = 单项工程费用总和 \times 试车费率 \quad (1\text{-}41)$$

第二章 建筑工程定额

第一节 定额的概念

一、定额的概念

定额是指在正常的施工条件下,完成一定计量单位的合格产品所必须消耗的劳动力、材料、机械设备及其资金的数量标准。正常的施工条件,是指在生产过程中,按生产工艺和施工验收规范操作,施工条件完善,劳动组织合理,机械运转正常,材料储备合理。

定额是根据国家一定时期的管理体制和管理制度,根据不同的用途和运用范围,由国家指定的机构按照一定的程序编制的。并按照规定的程序审批和颁发执行。

建筑工程定额对建筑企业的科学管理有着积极的作用。其主要的作用有:

(1)建筑工程定额是建筑施工企业计划管理的基础。因为,建筑施工企业所有计划的编制,都必须以建筑工程定额为尺度,来确定工程量、人工消耗量、材料消耗量和机械台班消耗量,从而制定出合理的施工工期,核定出相应的资金。

(2)建筑工程定额是科学组织建筑施工的必要手段。因为,要科学地组织施工,就必须以施工为中心,进行各方面的协调,然而各方协调的依据就是建筑工程定额。

(3)建筑工程定额是建筑施工企业降低工程成本,提高经济效益的有效工具。因为,建筑施工企业核定工程成本,进行投资控制的依据就是建筑工程定额。

(4)建筑工程定额是按劳分配的依据。

二、建筑工程定额的分类

建筑工程定额是一个综合概念,是建筑工程中生产消耗性定额的总称。建筑工程定额的种类很多,可参考图 2-1。

三、建筑工程施工定额

建筑工程施工定额是指在正常生产条件下,以施工过程为对象,完成单位建筑产品所必须消耗的人工、材料和机械台班的数量标准。它是由劳动定额、材料消耗定额和机械台班使用定额组成的。

(一)劳动定额

劳动定额是指在正常生产和合理组织施工的条件下,完成单位合格建筑产品所需要的工作时间(或在单位时间内完成质量合格的建筑产品数量)。所以,劳动定额的计算方法有两种:一是时间定额,二是产量定额。它们都反映了建筑工人劳动生产率的平均先进水平。

(1)时间定额:是指在正常生产和合理组织施工的条件下,完成单位合格产品所需要的工作时间(即工日数)。

(2)产量定额:是指在正常生产和合理组织施工的条件下,单位工日应完成合格产品的数量。

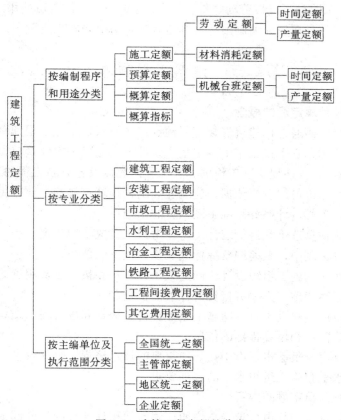

图 2-1　建筑工程定额的分类

目前，我国劳动定额的表现格式多采用复式的形式。即：分项工程表格中的分子表示时间定额，分母表示每工的产量。时间定额与产量定额的换算方法见式（2-1）（2-2）。

$$单位产品的时间定额 = \frac{1}{每工产量定额} \qquad (2-1)$$

$$每工产量定额 = \frac{1}{单位产品时间定额} \qquad (2-2)$$

由公式可知，单位产品的时间定额与每工产量定额互为倒数。

（二）材料消耗定额

材料消耗定额是指在正常生产和合理使用材料的条件下，完成单位合格建筑产品所必须消耗各种建筑材料、半成品以及水电等资源的数量标准。它是由材料的净用量和损耗量两部分组成的。

（三）机械台班使用定额

机械台班使用定额是指在正常生产和合理组织施工的条件下，完成单位合格建筑产品所需要的机械台班数量（或每个台班应完成质量合格的建筑产品数量）。所以，机械台班使用定额的计算方法也有两种：一是机械台班的时间定额，二是机械台班的产量定额。

目前我国机械台班使用定额的表现格式也多采用复式的形式。即：机械台班的时间定额与机械台班的产量定额互为倒数。它们的换算方法见式（2-3）。

$$机械台班的时间定额 = \frac{1}{机械台班的产量定额} \qquad (2-3)$$

综合上述，施工定额可以按劳动定额、材料消耗定额和机械台班使用定额分别编制，也可以把上述三种定额合在一起编制出适合本地区施工情况的施工定额。

第二节　建筑工程预算定额

一、建筑工程预算定额的概念

建筑工程预算定额通常称建筑安装工程预算定额。它是土建工程预算定额和设备安装工程预算定额的总称。它不仅规定了一定生产条件下，完成一定计量单位分项工程消耗资源的科学数量标准，而且还规定了工作内容和工程内容以及各分项工程的工程量计算规则，是合理确定建筑产品价值的重要依据。建筑安装工程预算定额的主要作用是：

(1) 编制单位工程设计概算和施工图预算的依据；

(2) 施工企业估算造价和进行统计工作、考核工程成本的依据；

(3) 在招标投标制中，是编制招标标底及投标报价的依据；

(4) 施工企业编制施工组织设计、确定人工、材料和机械台班用量的依据；

(5) 对设计方案和施工方案进行经济评价的依据；

(6) 建设单位通过建设银行，向施工企业拨付工程款和进行竣工结算的依据；

(7) 编制概算定额和概算指标的依据。

建筑工程预算定额是基本建设中，一项重要的技术法规。它反映了一定时期内，建筑安装工程的技术水平和施工组织水平的合理要求。

二、建筑工程预算定额的内容

建筑工程预算定额一般由目录、总说明、建筑面积计算规则、分部工程说明、工程量计算规则、分项工程项目表和附录等组成。

1. 总说明

总说明是综合阐述定额的编制指导思想、编制原则、编制依据、适用范围、定额的作用以及有关问题的说明及使用方法。

2. 建筑面积计算规则

建筑面积是国民经济一项主要指标之一，是分析建筑工程技术经济指标的重要数据，规则规定了计算建筑面积的范围和计算方法，同时也规定了不能计算建筑面积的范围。

3. 分部工程说明

主要说明该分部工程包括的主要内容和该分部所包括的工程项目，执行中的一些说明规定，特殊情况的处理。

4. 工程量计算规则

规定了分项工程的工程量计算方法，它是定额中的重要组成部分，也是执行定额和进行工程量计算的基础。

5. 分项工程项目表

是按分项工程归类，并以不同内容划分为若干项目表，项目表详细地列出了人工、材料及机械的消耗量与单价。

6. 附录

附录包括：砂浆、混凝土配合比表、机械台班单价表、材料名称、规格和价格表等资料，用以作为定额换算和补充定额时使用。

三、建筑工程预算定额的编制

（一）确定建筑工程预算定额编制方案的主要内容

编制预算定额的指导思想、原则、作用、组织机构、进度安排及编制细则等。

（二）确定编制建筑工程预算定额的依据

现行设计规范、施工及验收规范、质量评定标准及安全技术操作规范等建筑技术法规；标准设计、标准图集及标准作法；新技术、新结构、新材料和新的操作方法等。

（三）深入调查研究，广泛收集资料。

（四）确定建筑工程预算定额项目及选定计量单位。

（五）根据"劳动定额"、"材料消耗定额"、"机械台班消耗定额"计算预算定额项目中三项指标（人工、材料、机械台班）的基本消耗量。

（六）确定人工、材料、机械台班指标的内容

1. 人工消耗量指标的内容及计算

预算定额人工消耗量指标，包括完成一定计量单位分项工程或结构构件所必需的各种人工用量，它包括基本工和其它用工量。

（1）基本工是指完成单位合格产品所必须消耗的定额用工，它是按相应劳动定额计算。

（2）其它工是指技术工种劳动定额内不包括而在预算定额内又必须考虑的工时，包括辅助工、超运距用工、人工幅度差。

辅助工主要指材料加工所用的工时。如筛砂子、洗石子、模板整理用工、按辅助工种劳动定额相应项目计算。

超运距用工的计算。预算定额的水平运距是综合考虑施工现场一般必需的各种材料、成品、半成品平均运距。因此预算定额取定的运距往往要大于劳动定额包括的运距，超出部分称为超运距。超运距用工数量，按劳动定额相应材料运距计算。

$$超运距＝预算定额取定运距－劳动定额已包括的运距$$

人工幅度差是指劳动定额中未包括而在预算定额中又必须考虑的用工，也是在正常施工条件下所必须发生的难以预料的工序用工。内容包括：各工种间的工序搭接及交叉作业互相配合所发生的停歇用工；施工机械的转移及临时水电线路移动所造成的停工；质量检查和隐蔽工程验收工作的影响；班组操作地点转移用工；工序交接时对前一工序不可避免的修整用工；因施工中发生天气变化造成劳动定额确定的用工发生的差异。

人工幅度差计算公式：

$$人工幅度差＝（基本用工＋辅助用工＋超运距用工）×系数$$

根据不同情况，人工幅度差系数根据经验确定。

2. 材料消耗量指标的内容及计算

材料消耗量是指在正常施工条件下，使用合格材料，完成单位合格产品所必须消耗的建筑材料指标，按用途划分为以下四种：

（1）主要材料，指直接构成工程实体的材料，其中也包括成品、半成品的材料。

（2）辅助材料，也是构成工程实体的材料，但是用量较少，如钉子、铅丝等。

（3）周转性材料，指脚手架、模板等多次周转使用的不构成工程实体，是工具性材料。

（4）其它材料，指用量很小，没有规律性的零星用料，如棉纱、小白线、少量用油等

比重很小无法计量的材料。材料消耗量的确定，按材料消耗量定额的相应项目计算。

3. 机械台班消耗量指标的确定

预算定额中的机械台班消耗量指标是以台班为单位，每个台班按 8 小时计算。确定预算定额中施工机械台班消耗指标，应根据机械台班消耗定额相应项目计算台班用量，并增加一定的机械幅度差。

四、建筑工程预算定额的运用、换算和补充

建筑工程预算定额是编制单位工程施工图预算，确定招标工程标底或投标工程报价，签订承包合同、考核工程成本、进行竣工结算和拨付工程进度款的主要依据。因此，正确运用预算定额对提高预算工作质量和做好经济管理基础工作有着极其重要的现实意义。

（一）预算定额的运用

使用定额前，首先必须认真学习预算定额的总说明、各章分部工程及附录与附表的说明和有关规定、熟悉定额的编制依据和适用范围；其次，要正确理解并掌握各分项工程所综合的内容和计量单位以及各定额子目单价的使用条件和允许换算的范围与换算方法；最后，还应熟练掌握建筑面积和各分项工程的工程量计算规则。

只有在正确理解和熟练掌握上述内容的基础上，才能准确而迅速地选套定额单价，做好编制施工图预算的有关工作。

（二）预算定额的换算

由于每一项建筑工程都具有自己独特的结构、造型和装饰、采用不同的工艺设备和建筑材料，致使现行定额的内容和条件与设计要求有时有一定的差异，必须按照定额规定的换算范围和方法进行换算后方可使用。编制单位工程施工图预算中，应熟悉哪些定额子目的单价允许换算，怎样换算？哪些定额子目不允许换算。

（三）补充定额单价的确定

当设计图纸中的项目在现行定额中缺项，又不属于换算范围，无定额可套时，应编制补充定额。其编制方法与定额单价确定的方法相同。先计算所缺项目的人工、材料和机械台班的消耗数量，再根据本地区的人工工日单价、材料预算价格和机械台班单价，计算出该项目的人工费、材料费和机械费。最后汇总为补充定额单价。

第三节　建筑工程概算定额

一、建筑工程概算定额的概念

建筑工程概算定额也称扩大综合预算定额，它是按一定计量单位规定的扩大分部分项工程或扩大结构部分的劳动、材料和机械台班的消耗量标准。

建筑工程概算定额是在预算定额的基础上，综合了预算定额的分项工程内容后编制而成的。如北京市 1992 年建筑安装工程概算定额中砖墙子目中，包括了过梁、圈梁、加固钢筋、砖墙的腰线、垃圾道、通风道、附墙烟囱等项目内容。

二、建筑工程概算定额的内容

建筑工程概算定额一般由目录、总说明、建筑面积计算规则、分部工程说明及工程量计算规则、定额项目表和有关附录等。

在总说明中主要阐明编制依据、适用范围、定额的作用及有关规定等。

在建筑面积计算规则中阐明计算建筑面积和不计算建筑面积的范围。

在分部工程说明及工程量计算规则中，主要阐明本分部工程的有关规定和工程量计算规则。

在概算定额表中，分节定额的表头部分列有本节定额的主要内容，便于使用者了解定额项目的综合内容，防止编制工程概算漏项或重复计算。表格中列有定额项目的人工、材料和机械台班消耗量指标，其概算基价按地区预算价格的定额基价计算。

三、建筑工程概算定额的编制步骤和方法

建筑工程概算定额的编制步骤一般与编制预算定额步骤相似,可大致分为三个阶段,即准备工作阶段、编制概算定额初稿阶段和审查定稿阶段。

1. 准备阶段

在编制概算定额准备阶段，应确定编制定额的机构和人员组成，进行调查研究了解现行概算定额执行情况和存在问题，明确编制目的并制定概算定额的编制方法，确定概算定额项目划分和工程量计算规则。

2. 编制概算定额的初稿阶段

在编制概算定额的初稿阶段，应根据所制定的编制方案和定额项目，在收集资料选定有代表性的工程图纸测算出概算项目的工程量含量的基础上，整理分析各种测算数据，并按本地区不同工程类别的年竣工面积为权数，加权平均确定定额项目的工程量含量，套用预算定额，得出概算项目的人工、材料、机械的消耗指标，并计算出概算项目的基价。

3. 审查定稿阶段

在审查定稿阶段，要对概算定额和预算定额水平进行测算，以保证两者在水平上的大体一致，并留有＋3％左右的幅度差。经定稿报上级主管部门批准后，颁发执行。

第三章 建设工程造价的确定

建设工程造价是建设项目的投资估算、设计概算和施工图预算造价的总称。它们是建设项目在不同阶段投资控制的依据。投资估算是指建设项目在投资决策中，依据现有的资料和规定的估算办法，对建设项目的投资数额进行估计。经批准的投资估算造价便是建设工程造价的最高限额，是建设项目投资决策的重要依据，也是设计概算造价的控制指标。

第一节 建设工程造价估算

一、造价估算的概念

建筑生产活动是一项涉及广泛、内外部联系密切的复杂活动，而且在建筑生产的各个环节中受到众多因素的影响。一个拟开发建设的工程项目，从立项报批、方案设计、初步或扩大初步设计、施工图设计阶段到工程招标、建筑施工等阶段，都要对工程建设所需的费用进行估价。这种随着工程项目的进展或设计深度的不同而进行的工程建设所需费用的一系列计算过程就叫做造价估算。造价估算结果所形成的文件，就叫做工程投资估算书。

造价估算一般分为两个体系，一是由国家或地区主管基本建设的有关部门制定和颁发估算指标、概算定额、预算定额以及与其配套使用的建筑材料预算价格和各种应取费用定额，再由造价估算人员（造价工程师或预算员）依据有关技术资料和图纸，并结合过程项目的具体情况，套用估算指标和定额，按照规定的计算程序，计算出拟开发建设的工程项目所需的全部建设费用，即工程造价。一些以计划经济体制为主的国家，例如中国、前苏联和前东欧国家，属这一体系。另一种是工程造价的估算不依国家或地区制定的统一定额，而是依据大量已建成类似工程的技术经济指标和实际造价资料、当时当地的市场价格信息和供求关系、工程具体情况、设计资料和图纸等，在充分运用造价工程师经验和技巧的基础上，估算出拟开发建设工程项目所需的全部费用即工程造价。美国、欧洲等市场经济国家均属于这一体系。这两大造价估算体系除估价依据不同外，造价估算人员所发挥的主观能动性也不同。

在建国后的三十多年中，我国一直实行与计划经济相适应的概预算制度。但随着我国社会主义市场经济制度的建立、发展和完善，西方国家一些与市场经济相适应的造价估算方式正在逐步引入我国的工程建设领域。深圳经济特区的有关政府主管部门已不再颁布概预算定额，而代之以发布"建设工程价格信息"，英国皇家特许测量师学会正在与国内一些高校合作培养"工料测量师"，我国国家建设部正在准备实施"造价工程师"资格认可制度。可以预计，西方国家"量"、"价"分离的做法将逐渐取代我国传统的概预算制度，以适应市场经济发展和对外开放、与国际经济运行体系接轨的需要。

二、造价估算的内容

工程项目的开发建设一般具有投资额大、建设周期长等特点，又由于建筑产品的特殊复杂性，决定了建筑产品必须分阶段设计与施工。相对于工程建设的各个阶段以及各阶段具备的条件，项目的开发建设单位及其管理人员需要粗细要求和具体作用不同的造价估算文件，以服务于工程建设不同阶段的决策和生产管理工作。

造价估算的内容，按设计深度可以划分为设计前期估算、方案设计估算、初步设计概算和施工图预算；按不同要求和方法可以划分为工程招标估算、工程投标估算等。

设计前期估算，是指在提出项目建议书、进行可行性研究报告或设计任务书编制阶段根据工程项目开发建设单位提出的初步构想，按规定的投资估算编制办法、投资估算指标或参照已建成类似工程项目的实际造价资料等，对拟开发建设项目造价所作的估算。

方案设计估算，是指设计人员提出一种或数种设计方案、并提出主要设备类型和数量后供选优，估算人员依据设计人员提供的设计草图、设备选型技术资料及参数，依据估算指标或参照已建成类似工程项目的造价和现行设备材料价格等，并结合自身所积累的实践经验对该建设项目的造价所作出的估算。方案设计阶段的造价估算除需计算出工程项目的总造价外，还要提出有关单位工程的造价，以利于设计方案的选择与调整。

初步设计估算，是指拟开发建设的工程项目在初步设计阶段，设计单位根据初步设计规定的总体布置、工程项目、各单项工程的主要结构和设备一览表以及其他有关设计文件，采用概算定额（或综合预算定额）或概算指标、设备材料现行预算价格等技术资料，编制项目的总概算，对拟建项目进行较为详细的估价。经批准的设计概算，是安排工程建设进度计划、控制开发建设项目总投资的主要文件。

施工图预算，是指在施工图设计阶段，设计单位依据施工图设计的内容和要求并结合预算定额的规定，计算出每一单项工程的全部工程量，选套有关定额（包括预算定额、综合预算定额、间接费定额、计划利润率、税金率等）并按照部门或地区主管机构发布的有关编制工程预算的文件规定，详细地编制出相应建设工程的预算造价。经批准的造价，是编制年度工程建设进度计划，签订工程建设项目施工合同，实行建筑安装工程造价包干和办理工程价款的依据。实行招标的工程，施工图预算是制定标底的重要依据。

值得指出的是，西方市场经济国家在实行建设项目的招标过程中，并不是以施工图预算价作为标底价的，而是由估算师按照施工图纸、设计说明书和工程量计算办法，计算出全部工程量，同时按照每一工程的具体情况，列出各种费用的项目名称，对其单价和金额部分都空着，以此作为招标文件的组成部分，发给承包商作投标报价之用。各承包商收到这些未套单价的预算书后进行套价，并以此作为其投标报价。这就是所说的工程投标报价，是由承包商的估算师来完成的。我国在招投标过程中，招标文件中并没有计算好的工程量表，因此，承包商的预算人员既要依据招标工程的施工图纸计算工程量，还要在此基础上套用单价或定额，并在此基础上作出投标报价的底价。

综上所述，造价估算从设计前期估算→方案设计估算→初步设计概算→施工图预算，是一个由粗到细、由浅到深、逐步确定拟开发建设项目建造成本的过程。造价估算内容的实质就在于依据拟建项目在整个开发建设过程中的不同状态或不同设计阶段，对该建设项目进行投资造价的确定。

三、造价估算的特点和准确性

（一）造价估算的特点

造价估算的特点是由建筑产品本身的技术经济特点及其生产过程的技术经济特点所决

定的。造价估算的特点主要是单个性计价、多次性计价、按工程构成的分部计价。

1. 单个性计价

因为每一项建设工程都有其专门的用途，为适用于不同的用途，每个项目也就有不同的结构、造型和装饰，不同的体积和面积，采用不同的工艺设备和建筑材料。即使是用途相同的建设项目，建筑等级、建筑标准和技术水平也会有所不同。同时，建设项目又必须在结构、造型等方面适应工程所在地的地质、水文、气候等自然条件和民族风俗习惯的社会条件，这就使建设工程在实物形态上千差万别，具有突出的个性。再加上不同地区估价的各种价值要素（运输、能源、材料供应、工资标准、费用标准等的不同）的差异，最终导致工程投资费用的千差万别。因此，对工程建设项目就不能象对工业产品那样按品种、规格、质量成批量地定价，而只能是单个计价。也就是说，工程建设项目的定价目前还不能由国家规定统一的价格，而必须通过特殊的计价程序（编制工程项目估算、概算、预算、合同价、投标价、结算、决算价等）来确定建设项目的价格。

2. 多次性计价

建设项目体形庞大、结构复杂、内容繁多、个体性强等特点，因此建设项目的生产过程是一个周期长、环节多、消耗量大、占用资金多的生产耗费过程。为了适应工程建设过程中各有关方面经济关系的建立，适应项目管理的要求，适应工程造价控制和经济核算的要求，需要对建设项目按照设计阶段的划分和建设阶段的不同，进行多次性的计价。建设项目及其价格形成的对应关系如图 3-1 所示。

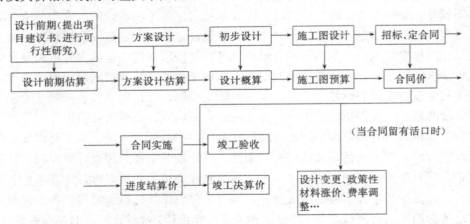

图 3-1　工程项目多次估价示意图

3. 按工程构成的分部组合计价

就一个完整的建设项目来说，它的投资费用的形成次序，一般都是由单个到综合，由局部到总体，逐个估价，层层汇总而成的。我们知道，一个建设项目，都具有实体庞大、结构复杂的特点。因此，要就整个项目（例如一栋楼房或一座桥梁等）进行估价是不可能的。但就建设项目的实体形态来看，无论其形体如何庞大，规模和结构如何不同，从其组成来看，都是由基础、地（楼）面、墙壁、梁、柱、门窗、屋盖等几个部分所构成的。

正是由于一个建设项目具有按工程构成分部组合的特点，使得我们能由单个到综合、由局部到总体、逐个估价、层层汇总，进而求出一个工程项目投资费用的总和来。例如，要求得某一建设项目从筹建到竣工验收为止的全部建设费用，可先计算出各单位工程的概算，再计算出各单项工程的综合概算,各单项工程综合概算经汇总并加上必要的其他费用后,即可得到该建设项目的全部建设费用,即总概算。

单位工程的施工图预算,一般是按照各分部、分项工程量和相应的定额单价、各项应取费用标准进行计算而得,即 Σ(分部分项工程量×相应预算单价)+各项应取费用。这种方法称为单位估价法。另外还有实物法,即利用概(预)算定额先计算出各分部分项以至整个单位工程所需的人工、材料和施工机械台班消耗量,然后再乘以工程所在地的人工、材料、机械台班单价,求得工程直接费,最后再按各项应取费用标准计算出应取费用数额并相加之后,即为单位工程造价。可以看出,单位估价法和实物法虽然不同,但两者的共同点都是对工程建设项目进行分解,按工程构成的分部组合计价。

(二)造价估算的准确性

每一工程在不同的建设阶段,由于条件的不同,对估算准确度的要求也就有所不同。人们不可能超越客观条件,把建设项目估算编制得与最终造价(决算价)完全一致。但可以肯定,如果能充分地掌握市场变动信息,并全面加以分析,那么工程造价估算的准确性就能大大提高。一般说来,建设阶段越接近后期,可掌握因素越多,也就越接近实际,工程造价估算也就越接近于最终造价。在设计前期,由于诸多因素的不确定性,所编估算偏离最终造价较远也是在所难免的。各阶段工程造价估算的准确度如图 3-2 所示。

工程造价估算的各种客观因素可划分为"可计算因素"和"估计因素"两大类。可计算因素是指估算的基础单价(如扩大指标和技术数据、概算指标、估算指标以及各种费率标准等)乘其工程量求得的造价或费用;估计因素则是对各种不确定性因素加以分析判断、逻辑推理、主观估计而求得,这在很大程度上依赖于造价工程师的专业水平和经验。

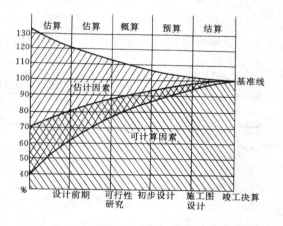

图 3-2　工程建设各阶段估算准确度示意图

提高造价估算的准确性,应注意做到以下几点:

(1)认真收集整理和积累各种建设项目的竣工决算实际造价资料。这些资料可靠性越高,估算出的工程造价准确度也就越高。所以,收集和积累可靠的技术情报资料是提高工程造价估算准确度的前提和基础。

(2)选择使用工程造价估算的各种数据时,无论是自己积累的数据,还是来源于其它方面的数据,造价工程师在使用前都要结合时间、物价、现场条件、装备水平等因素作出充分的分析和调查研究工作。使造价指标的工程特征与待估算的工程尽可能相吻合,对工程所在地的交通、能源、材料供应等条件作周密的调查研究,作好细致的市场调查和预测,绝不能生搬硬套。

(3)工程造价估算必须考虑建设期物价、工资等方面的动态因素变化。

(4)应留有足够的预备费。要依据造价工程师所掌握的情况加以分析、判断、预测,并结合工程建设项目的规模、工期、复杂程度等特点,选择一个适当的预备费系数。

四、造价估算的分类和费用构成

（一）造价估算的分类

一个完整的建设项目一般包括建筑工程和设备安装工程两大部分。因此，造价估算也就可以分为建筑工程估算和设备安装工程估算两类。

1. 建筑工程

所谓建筑工程，系指永久性和临时性的各种房屋和建筑物。如厂房、仓库、住宅、学校、医院、矿井、桥梁、电站、铁路、港口、体育场等的新建、扩建、改建或复建工程；各种民用管道和线路的敷设工程；设备基础、炉窑砌筑、金属结构构件（如支柱、操作台、钢梯、钢栏杆等）工程，以及农田水利工程等。

2. 设备安装工程

所谓设备安装工程，是指永久性和临时性生产、动力、起重、运输、传动和医疗、实验以及体育设施的装配、安装工程，还包括附属于被安装设备的管线敷设、绝缘、保温、刷油等工程。当然，设备安装工程不可避免的要与设备购置工程相联系。

对基本建设项目投资费用估算作上述分类是很有经济意义的。通过这种分类，可以把建筑工程和安装工程分离出来，既可以确定建筑安装工程量，又可以把基本建设中生产性活动和非生产性活动区分开来，以便在工程建设的各个阶段组织施工力量，组织设备和材料供应，便于考察非生产性的行政管理费用的开支等。

（二）造价估算中的费用项目构成

根据建设部关于建设工程造价管理的有关规定，工程建设各项费用构成及计算程序如表 3-1 所示。

工程建设各项费用构成及计算程序表　　　　　　　　表 3-1

序号	项　　目	计　　算　　式
1	建筑安装工程	（1）＋（2）＋（3）＋（4）
（1）	直接费	
（2）	间接费	（1）×间接费率或人工费（人＋机）×间接费率
（3）	利润	［（1）＋（2）］×利润率或人工费×利润率
（4）	税金（包括营业税、城市维护建设税、教育费附加）	［（1）＋（2）＋（3）－专项基金］×规定的税率
2	设备购置费（包括备品备件）	设备购置费＝Σ设备原价×［1＋设备运杂费（包括成套设备公司的成套服务费）］
3	工器具等购置费	工器具等购置费＝设备购置费×费率（或按规定的金额计算）
4	单项工程费	1＋2＋3
5	工程建设其它费用	包括土地费用、勘察设计费用、用电权费和用电贴费、建设单位管理费等按各项费用的有关规定计算
6	预备费　　其中价差预备	（4＋5）×费率 按规定计算
7	建设项目总费用	4＋5＋6
8	固定资产投资方向调节税	根据《中华人民共和国固定资产投资方向调节税暂行条例》税目税率表规定计算
9	建设期贷款利息	按年度实际贷款数额和贷款率计算。贷款利息不得作为任何费用的取费基数
10	建设项目总造价	7＋8＋9

第二节　投资估算的编制

一个建设项目从开始研究到竣工投入使用，需要投入大量的资金。在项目的前期阶段，为了对项目进行经济效益评价并作出投资决策，必须对项目的投资与成本费用进行准确的估算。投资估算的范围包括土地投资、土地开发投资、建安工程造价、财务费用及有关税费等全部投资，各项费用的构成复杂、变化因素多、不确定性大，尤其是依建设项目的类型不同而有其自身的特点，因此不同类型的建设项目之投资和费用的构成有一定差异。这里我们以房地产开发项目为例来说明投资估算的编制过程。

一、房地产开发项目投资及成本费用构成

房地产开发项目投资及成本费用由开发直接费和间接费两大部分组成，具体构成见图3-3。

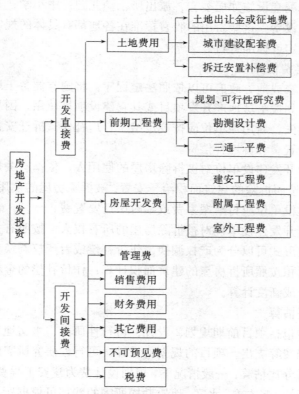

图3-3　房地产开发项目投资构成

二、土地费用估算

土地费用是指为取得项目土地使用权而发生的费用。由于目前存在着出让转让和征地划拨两种获取土地使用权的方式，因此所发生的土地费用也就略有差异。

1. 土地出让金估算

国家以土地所有者身份将土地使用权在一定年限内让与土地使用者，并由土地使用者向国家支付土地使用权出让金。土地出让金的估算一般可参照政府近期出让的类似地块的出让金数额并进行时间、地段、用途、临街状况、建筑容积率、土地出让年限、周围环境

状况及土地现状等因素的修正得到；也可以依据城市人民政府颁布的城市基准地价，根据项目用地所处的地段等级、用途、容积率、使用年限等项因素修正得到。

2. 土地征用费估算

根据《中华人民共和国土地管理法》的规定，国家建设征用农村土地发生的费用主要有土地补偿费、土地投资补偿费（青苗补偿费、树木补偿费、地面附着物补偿费）、人员安置补助费、新菜地开发基金、土地管理费、耕地占用税和拆迁费等。国家和各省市对各项费用的标准都作出了具体的规定，因此农村土地征用费的估算可参照国家和地方有关标准进行。

3. 城市建设配套费估算

城市建设配套费是因进行城市基础设施如自来水厂、污水处理厂、煤气厂、供热厂和城市道路等的建设而分摊的费用，在北京市该项费用包括大市政费和四源费。有时该项费用还包括非营业性的配套设施如居委会、派出所、幼儿园、中小学、公共厕所等的建设费分摊，称配套设施建设费。这些费用的收费标准在各地都有具体的规定，城市建设配套费的估算可参照这些规定或标准进行。

4. 拆迁安置补偿费估算

在城镇地区，国家或地方政府可以依照法定程序，将国有储备土地或已经由企事业单位或个人使用的土地划拨给房地产开发项目或其它建设项目使用。因划拨土地使原用地单位或个人造成经济损失，新用地单位应按规定给予合理补偿。拆迁安置补偿费实际包括两部分费用，即拆迁安置费和拆迁补偿费。

拆迁安置费是指开发建设单位对被拆除房屋的使用人，依据有关规定给予安置所需的费用。一般情况下应按照拆除的建筑面积给予安置。被拆除房屋的使用人因拆迁而迁出时，做为拆迁人的开发建设单位应付给搬家费或临时搬迁安置费。

拆迁补偿费是指开发建设单位对被拆除房屋的所有权人，按照有关规定给予补偿所需的费用。拆迁补偿的形式可以分为产权调换、作价补偿或者产权调换与作价补偿相结合的形式。产权调换的面积按照所拆房屋的建筑面积计算；作价补偿的金额按照所拆除建筑物面积的重置价格结合成新度计算。

三、前期工程费估算

前期工程费主要包括项目前期规划、设计、可行性研究、水文地质勘测以及"三通一平"等土地开发工程费等支出。项目的规划、设计、可行性研究所需的费用支出一般可按项目总投资的一个百分比估算，一般情况下，规划设计费为建安工程费的3%左右，可行性研究费占项目总投资的1%左右。水文、地质勘探所需的费用可根据所需工作量结合有关收费标准估算，一般为设计概算的0.5%。"三通一平"等土地开发费用，主要包括地上原有建筑物、构筑物拆除费用、场地平整费用和通水电路的费用。这些费用的估算可根据实际工作量，参照有关计费标准估算。

四、房屋开发费

房屋开发费包括建安工程费、附属工程费和室外工程费。

（1）建安工程费是指直接用于工程建设的总成本，主要包括建筑工程费（结构、建筑、特殊装修工程费）、设备及安装工程费（给排水、电气照明及设备安装、通风空调、弱电设备及安装、电梯及其安装、其它设备及安装等）和室内装饰家具费。

（2）附属工程费包括锅炉房、热力站、变电室、煤气调压站、自行车棚、信报箱等建设费用。

（3）室外工程费包括自来水、雨水、污水、煤气、热力、供电、电信、道路、绿化、环卫、室外照明等的建设费用。

五、管理费及其他费用

1. 管理费

管理费是指企业行政管理部门为管理和组织经营活动而发生的各种费用，包括公司经费、工会经费、职工教育培训经费、劳动保险费、待业保险费、董事会费、咨询费、审计费、诉讼费、排污费、房地产税、土地使用税、开办费摊销、业务招待费、坏账损失、报废损失及其它管理费用。管理费可按项目总投资或前述四项直接费用的一个百分比计算，这个百分数一般为3%左右。

2. 销售费用

销售费用是指开发建设项目在销售其产品过程中发生的各项费用以及专设销售机构或委托销售代理的各项费用。包括销售人员工资、奖金、福利费、差旅费，销售机构的折旧费、修理费、物料消耗费、广告宣传费、代理费、销售服务费及销售许可证申领费等。

3. 财务费用

财务费用是指企业为筹集资金而发生的各项费用，主要为借款或债券的利息，还包括金融机构手续费、融资代理费、承诺费、外汇汇兑净损失以及企业筹资发生的其它财务费用。利息的计算可参照金融市场利率和投资分期投入的情况按复利计算，利息以外的其它费用一般占利息的10%左右。

4. 其它费用

其它费用主要包括临时用地费和临时建设费、施工图预算和标底编制费、工程合同预算或标底审查费、招标管理费、总承包管理费、合同公证费、施工执照费、开发管理费、工程质量监督费、工程监理费、竣工图编制费、保险费等杂项费用。这些费用一般按当地有关部门规定的费率估算。

5. 不可预见费

不可预见费根据项目的复杂程度和前述各项费用估算的准确程度，以上述各项费用的3%～7%估算。

6. 税费

开发建设项目投资估算中应考虑项目所应负担的各种税金和地方政府或有关部门征收的费用。在一些大中型城市，这部分税费已经成为开发建设项目投资费用中占最大比重的费用。各项税费应根据当地有关法规标准估算。这些税费的内容主要包括固定资产投资方向调节税（投资总额的0%～30%）、市政支管线分摊费、供电贴费、用电权费、分散建设市政公用设施建设费、绿化建设费、电话初装费、建材发展基金、人防工程费等。

六、房地产开发项目投资估算实例

在北京市二环路某立交桥东北侧有一房地产开发项目，该项目规划建设用地面积为4.53公顷。目前，项目用地范围内有15家生产经营单位和498户居民，现有地上建筑面积35960m²，为贯彻北京市"退二进三"的战略部署，改善城市面貌，新加坡某房地产开发商拟对该地块进行开发。根据北京市城市规划管理局批准的初步规划设计方案，开发商拟在该地块上建设总建筑面积为220500m² 的4栋写字楼、公寓和商业综合建筑,其中地上写字楼建筑面积为6.8万m²、地上公寓楼建筑面积为6.9万m²,地上商场建筑面积为4.3万m²,地下商场建筑面积1.35万m²、地下车库建筑面积1.35万m²、地下设备用房和其他用房建筑面积1.35万m²。写字楼主楼的建筑高度为60m。整个建筑群按5A型建筑进行设计建设。该项目的开发建设周期为4年。该开发项目的投资估算如表3-2所示。

某房地产开发项目投资估算表 表3-2

序 号		项目或费用名称	投资金额(万元)	单方造价(元/m²)
一		土地费用	97403.46	5033.8
1		出让金	14014.20	
2		城市建设配套费	21021.30	
3		拆迁安置补偿费	60928.50	
4		手续费及税金	1439.46	
二		前期工程费	4190.05	216.5
1		规划设计	3105.64	
2		项目可行性研究	372.68	
3		地质勘探测绘	621.13	
4		三通一平费	90.60	
三		房屋开发费	124225.80	6419.9
(一)		建筑安装工程费	106573.00	5507.6
1		地上		
	A	商业	27390.00	
	B	写字楼主楼	32916.00	
	C	公寓	10800.00	
	D	写字楼副楼	21312.00	
2		地下		
	A	经营用房	6480.00	
	B	停车库	4050.00	
	C	设备房	2125.00	
	D	其他	1500.00	
(二)		附属工程费	5328.65	275.4
(三)		室外工程费	10657.30	550.8
(四)		其他工程费用	1666.85	86.1
四		管理费	4516.39	233.4
五		财务费用	24690.00	1276.0
六		开发期税费	6574.97	339.8
1		电贴费	960.00	
2		用电权费	2000.00	

序 号	项目或费用名称	投资金额（万元）	单方造价（元/m²）
3	其它税费	3614.97	
七	不可预见费	7848.02	405.6
总计		269448.69	13925.0

注：计算单方造价时，其面积的基础是地上建筑面积和地下建筑面积中用于商业经营的部分。

第三节 设计概算的编制

一、概述

设计概算是指设计单位在初步设计阶段，根据设计图纸及其说明书、概算定额（或概算指标）、各项费用定额（或取费标准）等资料，或参照类似工程预（决）算文件，用科学的方法计算和确定建筑工程全部建设费用的文件。

1. 编制原则

（1）充分调查研究，认真收集和选用基础资料。在编制概算过程中，凡地方有规定的按地方规定执行。

（2）认真贯彻设计与施工、理论与实际相结合的原则，要密切结合工程性质和施工条件，准确的计算各项费用，提高概算质量。

（3）突出重点，抓住主要工程项目概算的编制，以便能更好地控制整个工程的概算造价。

2. 编制依据

（1）已经批准的计划任务书。

（2）建设地区的自然、技术经济条件等资料。

（3）初步设计或扩大初步设计文件，包括图纸、说明书、设备清单、材料表等设计资料。

（4）标准设备与非标准设备价格资料。

（5）建设地区人工工资标准、材料预算价格、施工机械台班预算价格等价格资料。

（6）国家或省、市、自治区现行的建筑工程概算定额或概算指标、安装工程概算定额或概算指标。

（7）国家或省、市、自治区最新颁发的建筑工程间接费定额、安装工程间接费定额及其它有关费用文件。

3. 编制内容

建筑工程概算书的编制内容，通常包括以下四部分：

（1）封面。建筑工程概算书封面的内容，一般包括工程地址、建设单位、编制单位和编制时间等。

（2）编制说明。主要包括建设项目概况、概算编制范围、编制依据、编制方法、三材用量和其它有关问题的说明等。

（3）工程概算造价汇总表。建筑工程概算造价汇总表的表格内容一般包括：概算直接费、间接费、其它费用、计划利润和税金及概算价值等。

（4）建筑工程概算表。建筑工程概算表，主要包括工程或费用项目、工程量、概算价值等。见表3-3。

表 3-3

建 筑 工 程 概 算 表

工程项目名称：_____　工程编号：_____

序　号	定额编号	工程或费用名称	工程量		概算价值（元）		备　　注
			单位	数量	单价	合价	
1							

（5）安装工程概算表。见表3-4。

表 3-4

安 装 工 程 概 算 表

顺序号	估价表名称及项目顺序编号	工程或费用名称	单位	数量	重　量（t）		单位价值（元）			总价值（元）		
					单位重量	总重量	设备	安装工程		设备	安装工程	
								总计	其中工资		总计	其中工资
1												

（6）其他工程费用概算表。如室外工程概算表等。见表3-5。

表 3-5

其他工程费用概算表

工程项目名称：_____　工程编号：_____

顺序号	单位估价编号	工程或费用名称	工程量		概算价值（元）			
			单位	数量	单价	其中工资	合价	其中工资
1								

设计概算的结构和各部分之间的关系如图3-4所示。

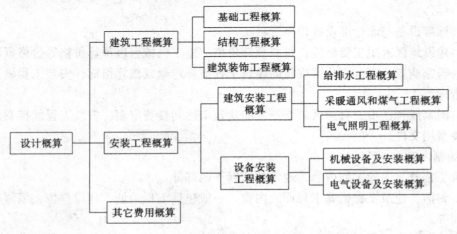

图 3-4　设计概算的结构和各部分之间的关系

二、建筑工程概算

建筑工程一般包括建筑物和构筑物两大部分。建筑物通常包括居住、办公、生产和公共用房屋，构筑物通常包括铁路、公路、码头、设备基础、操作平台、水塔、烟囱、管沟和管架以及其它设施。其概算的编制，根据工程项目的规模、设计文件的深度和有关资料的齐备程度，有用概算定额编制概算；用概算指标编制概算；用类似工程预（决）算编制概算等三种方法。

1. 用概算定额编制概算

当拟建工程项目的初步设计文件具有一定深度，基本上能够按照初步设计的平、立、剖图纸计算出地面、楼面、墙身、门窗和屋面等分部工程项目的工程量时，可采用概算定额编制概算。用概算定额编制概算的步骤是：

（1）收集编制概算的基础资料；

（2）熟悉设计文件，掌握施工现场情况；

（3）根据概算定额手册所列的项目及顺序，结合初步设计图纸内容划分并列出工程项目；

（4）计算工程量；

（5）套用概算定额；

（6）计取各项费用、确定建筑工程概算造价；

（7）编制建筑工程概算书。

2. 用概算指标编制概算

对于处于方案阶段的一般民用工程或小型标准厂房工程，其初步设计文件尚不完备，暂时无法计算工程量，此时可采用概算指标编制概算。

建筑工程概算指标，是以建筑面积或体积为单位，以整个建筑物为依据的定额。通常以整个房屋每百平方米建筑面积（或以每座构筑物）为计量单位规定人工、材料和施工机械台班消耗量及其价值货币表现标准。因此它比概算定额更加综合和扩大，其概算的编制工作也就更加简略。但一般来说，用概算指标编制概算是一种既简便快捷又比较准确的方法。其编制步骤是：

（1）收集编制概算的原始资料；

（2）根据初步设计文件计算建筑面积或计算建筑体积；

（3）根据拟建工程的性质、规模、结构内容和层数等基本条件，选定相应的概算指标；

（4）计算建筑工程直接费和主要材料消耗量；

（5）调整直接费；

（6）计取间接费、计划利润、其它费用和税金，确定建筑工程概算造价及技术经济指标；

（7）编制建筑工程概算书。

应该指出的是，用概算指标编制概算，如果初步设计的工程内容与概算指标规定内容有局部差异，就必须对原概算指标进行调整，然后才能使用。调整的方法是，从原指标的单位造价中减去应换出的原指标，加入应换进的新指标。

3. 用类似工程预（决）算编制概算

当拟建工程对象尚无完整的初步设计方案而开发建设单位又急待向主管部门或未来的

投资者提交设计概算时，设计单位可采用与拟建工程对象类似的已、在建工程的预（决）算编制概算的方法，快速、准确的编制概算。具体步骤是：

(1) 收集有关编制依据特别是类似工程设计资料和预（决）算文件等原始资料；

(2) 熟悉拟建工程对象的初步设计方案；

(3) 计算建筑面积；

(4) 选定与拟建工程对象类似的已、在建工程预（决）算文件；

(5) 根据类似工程预（决）算资料和拟建工程对象的建筑面积，计算工程概算造价和主要材料消耗量；

(6) 采用综合系数法、价格（费用）变动系数法、地区价差系数法、结构材质差异换算法等调整拟建工程对象与类似工程预（决）算资料的差异部分，使类似工程预（决）算成为符合拟建工程内容的概算造价；

(7) 编制建筑工程概算书。

三、安装工程概算

1. 建筑安装工程概算

建筑安装工程概算的编制同建筑工程概算的编制基本相同。也可以采用概算定额、概算指标和类似工程预（决）算等几种编制方法。建筑安装工程概算，一般分为给排水工程概算、采暖通风和煤气工程概算及电气照明工程概算等。现以概算定额法编制给排水工程概算为例说明编制步骤如下：

(1) 收集编制依据中有关给排水工程概算的基础资料；

(2) 熟悉初步设计图纸及说明书、概算定额和其它各项费用文件；

(3) 根据初步设计平面图计算各种卫生器具、对照系统图计算给排水管道和各种附属配件工程量；

(4) 选套概算定额，编制概算表；

(5) 统计直接费并按各项费用计算程序计取间接费、其它费用、计划利润和税金，汇总给排水工程概算造价并确定技术经济指标；

(6) 编制概算说明书和汇编概算书。

2. 设备及其安装工程概算

设备及其安装工程分为机械设备及其安装工程和电气设备及其安装工程两大部分。机械设备安装工程包括各种工艺设备和起重设备（电梯、吊车等）及其安装，动力设备（如锅炉、内燃机、蒸汽机）及其安装，工业用泵与通风设备及其安装，其它设备及其安装；电气设备及其安装包括传动电气设备、吊车电气设备和起重控制设备及其安装，变电及整流电气设备及其安装，弱电系统设备（如电话、通讯、保安、防火、广播和信号设备等）及其安装，自动控制设备及其安装，其它电气设备及其安装等。

设备及其安装工程概算分为设备购置概算和安装工程概算两部分。其概算编制方法简要介绍如下。

(1) 设备购置概算。设备购置概算是指机械设备和电气设备的购置费用。其编制方法是：

1) 收集初步设计中的设备清单、工艺流程布置图、非标准设备图纸、设备价格和运杂费标准等基础资料；

2）熟悉基础资料，对照初步设计图纸及说明书，分设备种类、型号以"台、套或组"为单位核对设备清单中的设备数量和类型；

3）确定设备单价；

4）计算设备运杂费；

5）计算设备购置概算价值。

（2）设备安装工程概算。设备安装工程概算可视掌握资料的详细程度分别采用概算定额、概算指标、设备原价比率、吨（套）设备安装费编制概算。

应该指出的是，当设备购置价格包括了安装服务的费用时，设备购置和安装概算可合并计算。

四、单项工程综合概算

综合概算书由编制说明和综合概算表两部分组成。编制说明一般列于综合概算表的前面，主要包括工程概况、编制依据、编制方法、主要材料和设备数量、其它有关问题说明等。当只编综合概算不编总概算时，编制说明应当详细；如果编制总概算，编制说明可以省略或从简。

综合概算表的表达形式，如表3-6所示。一般来说，工程和费用名称的顺序是：建筑工程、给水与排水工程、采暖通风和煤气工程、电器照明工程、设备购置、设备安装工程、工器具及家具购置、其它工程费用、不可预见的工程和费用等。

表 3-6

序号	概算表编号	工程和费用名称	概 算 价 值（万元）						技术经济指标			占投资额（%）	备注
			建筑工程	设备购置	安装工程	工器具和生产家具购置	其它费用	总价	单位	数量	指标（元）		

五、建筑工程总概算

建筑工程总概算是在前述各项概算的基础上汇总而成。包括编制说明书和总概算表两大部分。编制说明书一般包括工程概况、编制依据、总概算价值及投资分析、主要材料和设备数量、以及其它有关问题的说明。

总概算表的表达形式与综合概算表基本相同，以民用建设项目为例，其项目的划分和全部费用的构成为：建安工程和其它费用（见表3-7）或建安工程费、建设工程其它费用、预备费、建设总承包管理费、劳务费、建设期贷款利息、不可预见费（见表3-8）。

某开发建设项目的总概算表　　　　　　表 3-7

工程名称：　　　　　　工程编号：　　　　　　日期：　　年　　月

序号	工程或费用名称	概算价值（万元）				总值	占总概算价值（%）	技术经济指标			备注
		建筑工程费	设备购置费	安装工程费	其它工程费用			单位	数值	单位造价（元/m²）	
	工程总造价					89492			109588	8166	
	一、建安工程					20173				1841	

序号	工程或费用名称	概算价值（万元）					占总概算价值（%）	技术经济指标			备注
		建筑工程费	设备购置费	安装工程费	其它工程费用	总值		单位	数值	单位造价（元/m²）	
1	建筑工程	7975				9795				894	
2	通风空调工程		1209	974		2183				199	
3	给排水及消防工程		346	687		1033				94	
4	电气工程					7162				689	
	（1）供电		797	2104		2900					
	（2）照明			220		220					
	（3）火灾自动报警			240		240					
	（4）共用电视天线		47	13		60					
	（5）有线广播		24	2		26					
	（6）电话		450	21		471					
	（7）自动控制		228	23		251					
	（8）防雷接地			10		10					
	（9）保安监视		68	6		74					
	（10）自动扶梯		1600			1600					
	（11）电梯		1310			1310					
	二、其它费用					69319		109588		6314	
1	建设单位管理费1.5%				302	302					
2	甲方临时设施费				310	310					
3	职工培训费				9	9					
4	办公用具购置费				960	960					
5	生活用具购置费				120	120					
6	计算机打字机复印机购置费				50	50					
7	交通工具购置费				300	300					
8	公证费				120	120					
9	签证费				4	4					
10	通讯工具购置费				172	172					
11	工程许可证执照费				20	20					
12	三通一平费				7000	7000					
13	工程勘察费0.5%				100	100					
14	工程设计费1.8%				363	363					
15	工程监理费0.8%				161	161					
16	标底编制费0.15%				30	30					

序号	工程或费用名称	概算价值（万元）					占总概算价值（%）	技术经济指标			备注
		建筑工程费	设备购置费	安装工程费	其它工程费用	总值		单位	数值	单位造价（元/m²）	
17	合同预算审查费 0.05%				10	10					
18	招标投标管理费 0.06%				12	12					
19	土地有偿使用费				10786	10786					
20	拆迁安置费				20000	20000					
21	树木补偿费				0.25	0.25					
22	四源建设费				576	576					
23	供电贴费、用电权费				960	960					
24	电话初装费				300	300					
25	通讯线路费				50	50					
26	绿化建设费				440	440					
27	综合开发费				3850	3850					
28	投资方向调节税 15%				3025	3025					
29	出国考察费				100	100					
30	进口设备关税				1235	1235					
31	预算外设备材料差价				515	515					
32	外汇差价				715	712					
33	提前竣工奖				600	600					
34	概算预调				9088	9088					
35	三材预调				1726	1726					
36	建设期贷款利息 月息 1.5%				302	302					
37	电力集资费				4000	4000					
38	不可预见费 5%				1008	1008					

工程名称：　　　　　工程编号：　　　　　日期：　　年　　日

序号	工程或费用名称	概算价值（万元）						技术经济指标		占总投资比例（%）
		建筑工程费	设备购置费	安装工程费	工器具家具费	其它工程费用	总价值	数量单位	单位价值（元/m²）	
一	工程费									
	（一）主楼									
	1. 土建工程									
	2. 水道工程									
	3. 空调工程									
	4. 通风工程									
	5. 采暖工程									
	6. 强电工程（电气设备及安装、电气照明、防雷系统等）									
	7. 弱电工程（广播、保安、通讯、消防、TV 共用天线等）									
	8. 电梯、自动扶梯工程									
	（二）公寓楼									
	1. 土建工程									
	2. 水道工程									
	3. 空调工程									
	4. 通风工程									
	5. 采暖工程									
	6. 强电工程									
	7. 弱电工程									
	8. 电梯、自动扶梯工程									
	（三）地下车库									
	1. 一般土建									
	2. 照明									
	3. 车库控制自动化									
	4. 通风及采暖工程									
二	建设工程其它费用									
	（一）土地出让及开发费									
	1. 土地使用权出让金及基础设施配套费									

序号	工程或费用名称	概算价值（万元）						技术经济指标		占总投资比例（％）
		建筑工程费	设备购置费	安装工程费	工器具家具费	其它工程费用	总价值	数量单位	单位价值（元/m²）	
	2. 土地开发费									
	3. 防洪费									
	（二）建设基金									
	1. 供电贴费									
	2. 用电权费									
	3. 蒸汽增容费									
	4. 煤气增容费									
	（三）建设单位管理及其它									
	1. 工程监理费									
	2. 勘察费									
	3. 设计费（不含精装修设计费）									
	4. 电话初装费									
	5. 质监招投标施工执照等费									
	6. 出国考察费									
	7. 预算编制费									
	8. 场地完工清理费									
	9. 筹建费（含部分前期费）									
	10. 地下障碍物拆除补偿费									
	（四）室外工程									
	1. 给排水工程									
	2. 道路									
	3. 绿化费									
	4. 供热工程									
	5. 10kV 电源供电线路									
	6. 煤气管道									
	7. 庭院装饰及照明围墙									
三	预备费									
	1. 基本预备费									
	2. 工程差价预备费（三年）									

序号	工程或费用名称	概算价值（万元）						技术经济指标		占总投资比例（％）
		建筑工程费	设备购置费	安装工程费	工器具家具费	其它工程费用	总价值	数量单位	单位价值（元/m²）	
四	建设总承包管理费									
五	中介公司劳务费									
六	建设期贷款利息									
七	不可预见费									
八	总概算价值									

第四节　土建单位工程预算的编制

一、土建单位工程预算编制的依据和步骤

（一）土建单位工程预算编制的依据

（1）设计图及有关标准图；

（2）全国基础定额和地区人工工日单价、材料预算价格、机械台班单价；

（3）地区取费标准或间接费定额和有关动态调价文件；

（4）施工组织设计或施工方案；

（5）工程的承包合同或协议书或招标文件；

（6）市场材料的最新市场价格。

（二）土建单位工程预算的编制步骤

编制单位工程施工图预算，应在设计交底和图纸会审的基础上，按照以下程序和方法进行。

1. 收集资料，做好编制准备

（1）收集编制单位工程施工图预算的编制依据。

（2）清点、整理施工图。收到设计施工图，首先应当面清点。清点时，按照图纸目录中的图纸编号和张数，逐一进行核对，发现缺图，立即通知供图单位，查明原因，追索补齐或更正后，方可办理签收。

（3）准备有关的通用标准图。标准图是配套使用的施工图，也是编制施工图预算不可缺少的资料。因此，编制施工图预算前，必须准备好与本工程有关的标准图集和通用图集，编制工作才能顺利进行。

（4）按照设计交底、图纸会审纪要和设计变更通知的内容，修改全套图纸。以确保施工图预算编制依据的准确性。

（5）收集市场费用及各部门取费规定。

2. 熟悉施工图

施工图是编制单位工程施工图预算的重要依据。因此，编制施工图预算前，必须对设计施工图认真阅读，以排除编制过程中的障碍，防止遗漏施工图中未涉及到的一些项目。如：垂直运输费、架子工程费、场地平整和钻探回填孔等分项工程，在施工图中均未反映，极易漏项。为此，编制资料觅集以后，即可阅读图纸，阅读图纸时，应掌握先立面后平面、先粗后细、先易后难的原则。具体可以先开始阅读工程的总平面图，弄清建筑物的朝向和位置、周围其他工程和相互关系、与地面的绝对标高等；然后，阅读设计的总说明、施工用料或补充设计修改说明等。这些将对以后的工程量列项计算、定额单价的补充和换算等，都是不可缺少的预算意识；弄清设计调整修改的内容和部位，及时做好注释和记录，以防错漏。一般熟悉施工图的具体内容如下：

（1）了解建筑物的总高度，确定垂直运输费的选取；确定建筑物的长度与宽度，计算建筑物的建筑面积和底层的占地面积等；了解建筑物各层的层高，确定是否需要搭设满堂脚手架，选用何种砌筑脚手架；这些分项工程，在施工图中均未涉及到，容易漏算。

（2）核对施工图中所有的附表，如钢筋用量表、构配件表以及门窗表等。抽查主要构件的钢筋用量，考核其可信度，决定是否可以直接查用。详细核对和修改构配件表和门窗表，以便在工程量计算时直接查用。

（3）计算工程量的基数。工程量基数是指在工程量计算过程中，多次重复使用的数据。如外墙外边线的总长、外墙中心线总长、内墙净长线总长、建筑面积、底层占地面积以及各结构层的主墙间的净面积等数据。提前算出这些数据，可供工程量计算时查用，从而加快工程量的计算速度。

3. 熟悉施工组织设计或施工方案

施工组织设计是施工企业全面安排某项建筑工程施工的基数经济文件。它的基本内容包括施工方案、施工进度计划和施工平面图。此外，还有一些随特定条件变化而配套增变的内容。如施工准备进度计划、大型机械进出场计划、各类资源供应计划以及冬雨季施工措施计划等，均关系到预算定额子目的选套和取费标准的确定。

4. 熟悉现行定额

对现行定额的精神，理解程度的深浅，决定着编制施工图预算水平的高低。为此，要提高施工图预算的编制质量，必须认真熟悉现行定额的内容和适用范围。

例如，某些零星建筑工程，既可套用建筑工程基础预算定额，也可以套用修缮工程预算定额；某些厂房的厂区道路和排水工程既可以套用建筑工程基础预算定额，又可以套用市政工程预算定额，如此等等。套用不同的定额，所得出的工程预算造价也就有所不同。因此，编制施工图预算时，应按照现行定额的适用范围和工程性质来确定应选用的定额。对于选用定额有争议的工程，在合同条款中应予以明确。或在编制预算前，先与建设单位磋商，取得一致意见后，再套用指定定额进行编制。以免事后因建设单位不同意而使编制预算无效。又如，单位工程施工图预算所列的分部工程名称，应根据定额章节上的名称来确定。编制预算前，应熟悉定额各分部工程的章节中包含哪些分项工程子目，了解各定额子目的计量单位、工程内容、工程量计算规则以及有关调整和换算定额消耗量和单价的规定。这样才能编制出高质量、高水平的施工图预算。

5. 计算工程量

工程量计算应严格按照图纸尺寸和现行定额规定的工程量计算规则，遵循一定的科学顺序逐项计算分项子目的工程量。计算各分部工程章节中分项子目的工程量前，最好先列项。也就是按照分部工程中，各分项子目的顺序先列出所有分项子目的名称，然后再逐个计算其工程量。这样，可以避免工程量计算中，出现盲目、零乱的状况，使工程量计算工作有条不紊地进行，更可以避免漏项和重项。列项时，分项子目的名称应与定额完全一致，并同时标出定额编号，这样，便于以后套用定额资源的消耗量的单价计算。

6. 套用定额，计算单位工程项目直接费

正确选套定额是至关重要的步骤，应区分哪些定额子目可以直接套用，哪些定额子目需要换算或另作补充。凡是施工图纸要求与预算定额子目内容完全一致，或虽有些不同，但不允许换算者，都可以直接套用该子目的定额指标；凡是施工图纸要求与预算定额子目内容基本相同，仅是所用材料的品种、规格或配合比与定额规定不一致，或是操作上有特殊规定，而且定额规定可以换算者，则必须根据定额的规定，将定额换算后，方能套用。并在原定额号后面添加一个"换"字；凡是施工图所示分项子目要求与定额中类同分项子目的内容差异很大，或是定额缺项的子目，均应编制补充定额。编制的补充定额，在定额号前面添加一个"补"字。补充定额指标的构成应作为预算书的附件，列于预算书的后面。

按有关部门规定全国各省、市自治区、直辖市从1996年下半年开始，应执行全国统一基础定额，有些地区在基础定额的基础上，结合本地区的建筑市场情况，又编制出本地区的价目表（此价目表应随着建筑市场各类资源价格的上涨而不断上浮）。凡有本省价目表的地区套用定额时，便可直接套用全国统一基础定额本省价目表，按公式（3-1）计算单位工程定额直接费。

$$单位工程定额直接费 = \Sigma（分项工程的工程量 \times 相应的定额单价） \tag{3-1}$$

凡未编制本地区价目表者，则应先套统一基础定额，算出该单位工程的全部资源的消耗量，再根据本地区有关部门定时发布的人工工日单价、各类主要材料的预算价格、各类机械的台班单价及其他等资料，按公式（3-2）计算出单位工程的定额直接费。

$$单位工程的定额直接费 = \Sigma 分项工程的人工消耗量 \times 人工工日单价$$
$$+ \Sigma（主要材料的消耗量 \times 相应材料预算价格）$$
$$+ \Sigma（主要机械台班的消耗量 \times 相应机械台班单价） \tag{3-2}$$

7. 计算费用，编制预算书

按照各地区现行取费标准（或间接费定额）以及有关动态管理文件的规定，逐一计算单位工程的其他直接费、现场经费、间接费、利润和税金等各项费用及单位工程总造价，编制单位工程施工图预算书。

8. 拟写编制说明

单位工程施工图预算书的编制说明无一定的格式，一般应包括以下内容：

（1）工程名称与工程概算以及涉及变更；

（2）编制依据中的预算定额及名称；

（3）编制依据中的取费标准或地区发布的动态文件号；

（4）工程造价及主要经济指标；

（5）有关问题说明。如：土方处理、材料和构件的二次搬运、措施性费用以及有待施工中按实结算项目等有关问题说明。

9. 封面装订、签章

将施工图预算的封面、编制说明、预算书和附件等有关资料按以上顺序装订成册。编制人员签字盖章，并请主管负责人审阅、签字盖章，最后，加盖公章完成编制工作。

二、工程量计算的原则和顺序

（一）工程量计算的原则

工程量计算是编制单位工程施工图预算中最繁琐、最细致的工作。工程量的计算工作，占整个预算编制工作量约80％以上，而且工程量计算项目是否齐全，计算结果是否准确，均直接关系到预算的编制质量和编制进度。为使工程量计算迅速准确，工程量计算应遵循以下原则：

1. 计算工程量的项目与现行定额的项目一致

工程量计算时，只有当所列的分项工程项目与现行定额中分项工程的项目完全一致时，才能正确使用定额的各项指标。尤其当定额子目中综合了其它分项工程时，更要特别注意所列分项工程的内容是否与选用定额分项工程所综合的内容一致。

例如，现行定额的一般楼地面工程中，均综合了相同材料的踢脚线（块料地面除外），计算楼地面分项工程的工程量时，也应与之相符，不可再另列踢脚线子目；砖基础分项工程中综合了基础防潮层的内容，计算砖基础工程量时，也应保持一致，不可另列基础防潮层子目。如此等等……。否则，就是重复计算。

2. 计算工程量的计量单位必须与现行定额的计量单位一致

现行定额中各分项工程的计量单位，并非是单一的。有的是立方米（m^3）、有的是平方米（m^2）、还有的是延长米（m）、吨（t）和件等。所以，计算工程量时，所选用的计量单位应与之相同。此外，套用定额时，还应注意定额的计量单位是否以扩大单位形式出现，如："$10m^3$"、"$100m^2$"、"$100m$"等扩大计量单位。如果定额子目的计量单位是扩大单位，则所计算的工程量计量单位也必须相应扩大。

3. 工程量计算规则必须与现行定额规定的计算规则一致

计算工程量应严格按照现行定额各章节中规定的相应规则进行计算。如：定额规定普通木门窗和高级木门，编制概算时，其工程量按门窗洞口面积计算；编制施工图预算时，则按门窗洞口面积除以1.03计算；又如定额规定卷材屋面的工程量，按屋面水平投影面积计算时，长宽算至屋面檐口或檐沟边。不扣除屋面上人孔，烟囱、竖风道等所占的面积，以上弯起部分的面积也不增加。因女儿墙、山墙、天沟而引起的弯起部分附加层与增宽搭接层可按屋面水平投影面积乘以系数计算。对于女儿墙、山墙系数取1.03；对于檐沟、天沟系数取1.08。计算工程量时，均应遵照执行。

4. 计算工程量必须严格按照施工图纸

计算工程量必须严格按照施工图纸进行计算，不得重算、漏算和抬高构造的等级。确保数字准确，项目齐全，与施工图纸相符。

（二）工程量计算的顺序

为了迅速而准确地计算工程量，必须灵活运用统筹法的基本原理，并遵循，先计算的工程量为后继分项工程的工程量计算提供数据的原则，做到"举一带三"。这样，可以减少二次或多次翻阅图纸的时间。从而加快计算工程量速度。建筑工程施工图预算的工程量计算，一般应按以下顺序进行：

1. 基数计算

基数是指单位工程的工程量计算中反复多次运用的数据。提前把这些数据算出，供各分项工程的工程量计算时查用。这些数据是三线 n 个面和一册：

（1）$L_{外}$——外墙外边线的总长。

它是用来计算外墙装饰工程、挑檐、散水、勒脚、平整场地和钻探回填孔等分项工程的工程量计算的基本尺寸。如图 3-5 所示，并按公式（3-3）计算。

$$L_{外} = 2 \times (A + B) \tag{3-3}$$

（2）$L_{中}$——外墙中心线的总长。

它是用来计算外墙、女儿墙、外墙条形基础和基础垫层、外墙挖地槽、外墙地梁和圈梁等分项工程工程量计算的基本尺寸。如图 3-5 所示，当外墙厚度相同时按公式（3-4）计算。

$$L_{中} = 2 \times [(A - 外墙厚) + (B - 外墙厚)] \tag{3-4}$$

（3）$L_{内}$——内墙净长线总长。

它是用来计算内墙、内墙条形基础及基础垫层、内墙挖地槽、内墙地梁和圈梁以及内墙装饰等分项工程工程量计算的基本尺寸。

由于各楼层的内墙设置不尽相同，所以内墙的净长线总长应分层计算。内墙净长线总长的计算。如图 3-6 所示，并按公式（3-5）计算。

$$L_{内} = 2 \times (A_1 - 外墙厚) + 3 \times \left(D - \frac{1}{2} 外墙厚 - \frac{1}{2} 内墙厚\right)$$

$$+ 3 \times \left(E - \frac{1}{2} 外墙厚 - \frac{1}{2} 内墙厚\right) \tag{3-5}$$

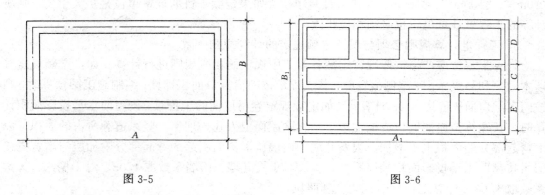

图 3-5   图 3-6

（4）S——建筑面积。

它是用来计算建筑物的垂直运输费，架子工程费等项目的基本数据。现行定额对各种结构类型建筑物的建筑面积计算规则均有规定，计算建筑面积时，应参照执行。这里不一一赘述，仅将常见、常用的计算规则介绍如下：

1）单层建筑物不论其高度如何，均按一层计算。其建筑面积按建筑物勒脚以上外墙外围水平投影面积计算。如果建筑物内部有楼层或层高大于 2.2m 的基数层，均应按其实际水平投影面积计算建筑面积，并且并入总建筑面积内。

2）多层建筑物的建筑面积，应按各层外墙外边线所围水平投影面积之和计算建筑面积。

$$S = \sum_1^n S_i \tag{3-6}$$

式中 S——建筑面积；

　　S_i——第 i 层的建筑面积；

　　n——层数；

3）封闭式挑阳台、凹阳台和挑廊等均按其水平投影面积计算建筑面积；未封闭挑阳台、凹阳台和挑廊等均按其水平投影面积的一半计算建筑面积。

4）建筑物墙外有顶盖和有柱走廊、檐廊等均按柱外围水平投影面积计算建筑面积；无柱的走廊、檐廊等则按其水平投影面积的一半计算建筑面积。

5）两个建筑物之间有顶盖的架空通廊，按通廊的水平投影面积计算建筑面积；无顶盖的架空通廊，则按通廊水平投影面积的一半计算建筑面积。

6）室外楼梯作为主要通道时，按各层水平投影面积之和计算建筑面积；当室内有楼梯时，则室外楼梯应按其各层水平投影面积之和的一半计算建筑面积。

7）有柱的雨篷，按柱外围水平投影面积计算建筑面积；单排柱或独立柱雨篷，均按雨篷顶盖水平投影面积的一半计算建筑面积；无柱雨篷不计算建筑面积。

8）凸出屋面有维护结构的楼梯间、水箱间电梯间机房等均按其维护结构处围水平投影面积计算建筑面积。

（5）$S_底$——底层建筑面积。

它是用来计算平整场地、钻探回填孔和室内回填土等分项工程工程量的基本数据。它等于底层勒脚以上外墙外边线所围的水平投影面积。如图 3-5 所示。

$$S_底 = A \times B \tag{3-7}$$

（6）$S_净$——主墙间净面积。

它是用来计算室内回填土工程量和各层楼地面、天棚装饰等分项工程的工程量。按公式（3-8）分层计算：

$$S_{ij} = S_i - L_z \times 外墙厚 - L_{in} \times 内墙厚 \tag{3-8}$$

式中 S_{ij}——第 i 层的主墙间净面积；

　　S_i——第 i 层的建筑面积；

　　L_z——外墙中心线总长；

　　L_{in}——第 i 层内墙的净长线总长

（7）一册——门窗表。

它是用来计算门窗工程量，并为墙体工程量计算提供应扣门窗洞面积的表格。如表 3-6 所示。

2. 基础工程的工程量的计算

基础工程包括：基础土方、基础垫层、基础梁、和基础等分项工程。它们的工程量计算顺序是：

基础→基础垫层→基础梁→基础土方

3. 混凝土及钢筋混凝土工程的工程量计算

混凝土及钢筋混凝土工程包括：现浇混凝土及钢筋混凝土构件、现场预制的混凝土及钢筋混凝土构件、外加工的产品钢筋混凝土构件以及预应力钢筋混凝土构件等分项工程。它们的工程量计算顺序，应按照先易后难，先简单后复杂的原则进行。具体是按以下顺序进行计算：

（1）按结构平面布置图清点产品构件的数量，并列入专用构件表中，如表 3-7；

（2）按结构施工平面布置图清点现场预制构件的数量，也列入构件表 3-7 中；

门　窗　表　　　　　表 3-6

名称	门窗编号	断面框扇 (cm²)	玻璃厚度 (mm)	洞口宽 (m)	洞口高 (m)	每樘面积 (m²)	樘数	合计面积 (m²)	一层外墙 37	一层外墙 24	一层内墙 24	一层内墙 12	二层外墙 37	二层外墙 24	二层内墙 24	二层内墙 12	……外墙 37	……外墙 24	……内墙 24	……内墙 12
								樘												
								m²												
应扣面积								面积												

（3）根据相应的标准图或施工图，计算各类构件的单件混凝土体积和钢筋重量，并列入表 3-7 的相应栏目中；

（4）计算预制构件表的合计栏目，得出预制构件的混凝土、钢筋、和模板等分项工程的工程量；

（5）按照结构平面布置图，清点各类现浇构件的数量。并根据相应的结构详图逐项计算各类构件的混凝土、钢筋及模板的工程量；

（6）按照现浇混凝土构件的模板或混凝土工程量项目，逐项计算其钢筋的工程量。

预　制　构　件　表　　　　　表 3-7

构件名称	需要数量（件）一层	需要数量（件）二层	需要数量（件）……	需要数量（件）合计	混凝土（m³）单件	混凝土（m³）合计	混凝土（m³）加1.5%损耗后	钢筋（kg）单件	钢筋（kg）合计	钢筋（kg）加1.5%损耗后	冷拔丝（kg）单件	冷拔丝（kg）合计	冷拔丝（kg）加1.5%损耗后
一、产品构件													
⋮													
产品构件合计													
二、现场预制构件													
⋮													
现场预制构件合计													

4．预制构件运输与安装工程量的计算

各类预制构件均应有运输与安装的分项工程和灌缝分项工程，编制预算时，不应漏项。其工程量可直接从表 3-7 中取用。运输距离的确定：

（1）外加工产品构件的运输距离按实际距离确定；

（2）现场预制构件的运输距离按施工组织设计规定的距离确定，就地预制构件，起模归堆和运输，一般按一公里运输距离计算。

5. 砌筑工程的工程量计算

砌筑工程包括：砖外墙、砖内墙和零星砌体等分项工程。它们的工程量计算顺序，一般如下：

外墙→内墙→零星砌体

计算墙体工程量时，应扣除墙体上门窗洞口及嵌入墙体内的混凝土构件所占的工程量。

6. 装饰工程的工程量计算

装饰工程包括：室外装饰、室内装饰（指外墙的内面、内墙的双面以及天棚装饰）和其它零星装饰等分项工程。它们的工程量计算顺序一般如下：

外墙装饰→室内装饰→零星装饰

7. 楼地面工程的工程量计算

楼地面工程包括：室内各类整体地面和楼面面层、楼梯面层、台阶、散水、地沟等分项工程。它们的工程量计算顺序如下：

（1）计算局部楼地面面层，如厕浴间的防酸防滑的楼地面面层、走廊与门厅的装饰材料地面、室内局部的其他块料或木质楼地面面层等分项工程；

（2）计算楼梯面层；

（3）计算地沟工程的工程量；

（4）计算台阶的工程量以及台阶最上层属于门厅部分的工程量；

（5）计算室内的整体楼地面面层的工程量

室内整体楼地面的工程量应按天棚装饰工程量（即主墙间净面积），扣除局部楼地面面积、楼梯工程面积和地沟占地面积，但应加上台阶最上层应属于门厅部分的面积；

（6）计算其他分项工程的工程量，如室外散水、找平层等分项工程的工程量。

8. 屋面工程的工程量计算

屋面工程包括：屋面保温找坡层、隔气层、防水层、隔热层以及屋面排水等分项工程。它们的工程量计算顺序一般如下：

找平层→隔气层→保温找坡层→防水层→保护层→隔热层→屋面排水

9. 其他工程的工程量计算

如金属结构工程、桩基工程、脚手架工程以及木作工程等。由于它们的工程量与其他分部工程的工程量联系不大，故可以集中放在最后面计算。

三、工程量计算的方法

按照上节介绍的工程量计算顺序逐项进行。

（一）基础工程的工程量计算

1. 砖石基础的工程量计算

砖基础与砖墙的划分，是以室内地坪标高（即±0.00）为界，界线以上为砖墙，以下为砖基础；如果基础与墙身的材料不同，则以材料为界；毛石基础与毛石墙的划分，内墙以设计室内地坪为界，外墙以室外自然标高为界，界线以上为毛石墙，以下为毛石基础；地下室墙与墙的划分，是以地下室圈梁底为界，界线以上为墙，以下为地下室墙，地下室无圈梁时，以地下室混凝土顶板底为界，界线以上为墙，以下为地下室墙。

砖基础工程量，按结构施工图示尺寸，以立方米体积计算。

$$V = L \times A \tag{3-9}$$

式中　V——基础体积；

　　　L——基础长度，外墙按中心线长，内墙按净长线长；

　　　A——基础断面积，等于基础墙的面积与大放脚的面积之和。大放脚的形式有两种，即等高式大放脚与不等式大放脚两种。如图 3-7 所示。

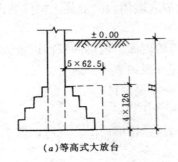
(a)等高式大放台

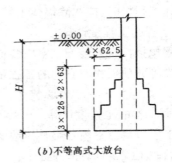
(b)不等高式大放台

图 3-7　砖基础断面图

断面面积 A 按公式（3-10）计算：

等高式基础断面积

$$A = bH + n(n+1) \times 0.0625 \times 0.126 \tag{3-10}$$

不等高式基础断面积

$$A = bH + 0.0625n\left[(0.126 + 0.063) \times \frac{n}{2} + 0.126\right] \tag{3-11}$$

式中　b——砖基础墙厚；

　　　n——大放脚的台数；

　　　H——设计基础深度。

公式（3-11）适用于标准砖双面放脚，每层高度：等高为 12.6cm，不等高为 12.6cm 与 6.3cm 相间，最低台为 12.6cm 高，错台为 6.25cm。

为了简化带形砖基础工程量的计算，提高计算速度，可将砖基础大放脚增加断面面积转换成折加高度后再进行基础工程量计算。

$$大放脚折加高度 = \frac{等高或不等高大放脚增加断面面积}{砖基础的墙厚} \tag{3-12}$$

式中　等高式大放脚增加断面 $= n(n+1) \times 0.0625 \times 0.126$

　　　不等高式大放脚增加断面 $= 0.0625n \times \left[\frac{n}{2}(0.126 + 0.063) + 0.126\right]$

设带形砖基础设计深度为 H，折加高度按公式（3-12）求出为 h，砖基础的墙厚为 b，基础长度为 L，则

$$带形砖基础的工程量 = b \times (H+h) \times L \tag{3-13}$$

现根据大放脚增加断面面积和折加高度公式，将不同墙厚、不同台数大放脚的折加高度和增加断面面积列于表 3-8 中，供计算工程量时直接查用。

44

标准砖大放脚折加高度和增加断面面积 表3-8

大放脚台数 (n)	折加高度 (m)								断面面积 (m²)	
	1/2 砖		1 砖		$1\frac{1}{2}$ 砖		2 砖			
	等高	不等高	等高	不等高	等高	不等高	等高	不等高	等高	不等高
一	0.137	0.137	0.066	0.066	0.043	0.043	0.032	0.032	0.01575	0.01575
二	0.411	0.342	0.197	0.164	0.129	0.108	0.096	0.08	0.04725	0.03938
三			0.394	0.328	0.259	0.216	0.193	0.161	0.0945	0.07875
四			0.656	0.525	0.432	0.345	0.321	0.253	0.1575	0.126
五			0.984	0.788	0.647	0.518	0.482	0.38	0.2363	0.189
六			1.378	1.083	0.906	0.712	0.672	0.58	0.3308	0.2599
七			1.838	1.444	1.208	0.949	0.90	0.707	0.441	0.3465
八			2.363	1.838	1.553	1.208	1.157	0.90	0.567	0.4411

【例 3-1】 试计算图 3-8 所示条形基础的工程量。

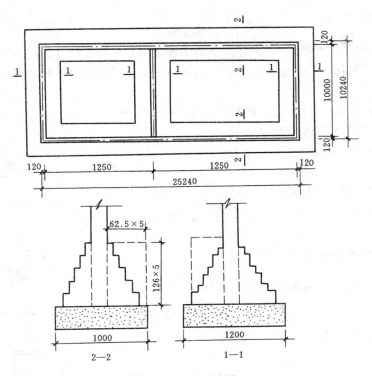

图 3-8 条形砖基础图

【解】 $L_{1\text{-}1} = 10 \times 2 + (10 - 0.24) = 29.76$ （m）

$L_{2\text{-}2} = 25 \times 2 = 50$ （m）

$b = 0.24$ （m）

$H = 1.2$ （m）

1-1 断面为不等高式 $n = 6$

2-2 断面为等高式 $n=5$

查表 3-8，1-1 断面大放脚折加高度 $h_1=1.083$（m）

2-2 断面折加高度 $h_2=0.984$（m）

砖基础体积$=L_{1-1}\times b（H+h_1）+L_{2-2}\times b（H+h_2）$

$=29.76\times0.24（1.2+1.083）+50\times0.24（1.2+0.984）$

$=42.52$（m³）

2. 现浇钢筋混凝土基础的工程量计算

（1）独立基础：

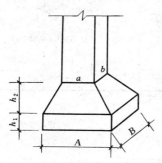

独立基础是指基础扩大面顶面以下部分的实体。它的工程量按图示尺寸以立方米（m³）计算，如图 3-9 所示。

$$V=ABh_1+\frac{h_2}{6}[AB+ab+（A+a）（B+b）]\qquad(3-14)$$

式中　A，B——下底两边边长；

a，b——上底两边边长；

h_1——下部六面体高度；

h_2——棱台的高度。

（2）杯形基础：

图 3-9　独立基础断面图

杯形基础工程量也是按图示尺寸以立方米（m³）计算。如图 3-10 所示。其体积等于上、下两个六面体体积及中间四棱台体积之和，再扣减杯槽的体积。

【例 3-2】　试计算图 3-10 杯形基础的混凝土体积。

【解】　下部六面体体积

$$V_1=A\times B\times h_1=4.2\times3\times0.4=5.04$$
$$（m³）$$

上部六面体体积

$$V_2=a\times b\times h_3=1.55\times1.15\times0.4=$$
$$0.713（m³）$$

四棱台体积

$$V_3=\frac{h_2}{6}[AB+ab+（A+a）（B+b）]$$

$$=\frac{0.3}{6}[4.2\times3+1.55\times1.15+（4.2+$$

$$1.55）（3+1.15）]$$

$$=1.91（m³）$$

杯槽体积

$$V_4=\frac{h_4}{6}[AB+ab+（A+a）（B+b）]$$

$$=\frac{0.85}{6}[0.95\times0.55+0.9\times0.5+$$

$$（0.95+0.9）（0.55+0.5）]$$

$$=0.413（m³）$$

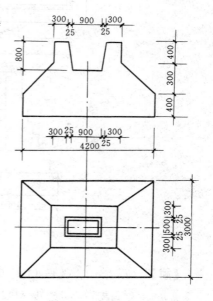

图 3-10　杯形基础图

杯形基础体积　$V = V_1 + V_2 + V_3 - V_4$

$$V = 5.04 + 0.713 + 1.91 - 0.413$$
$$= 7.25 \ (\text{m}^3)$$

（3）带形基础：

带形基础一般分为有梁式带形基础和无梁式带形基础。有梁式带形基础是指自基础扩大面至梁顶高度 $h \leqslant 1.2\text{m}$ 的钢筋混凝土带形基础。如图 3-11 所示。当 $h > 1.2\text{m}$ 时，基础扩大面以上的体积为钢筋混凝土墙，扩大面以下为无梁式带形基础。有的地区划分有梁式与无梁式，是按照基础中钢筋构造进行的。如果基础底面只有一个方向受力筋，则为无梁式带形基础；如果基础底面双向配有受力钢筋，并有箍筋，则为有梁式带形基础。

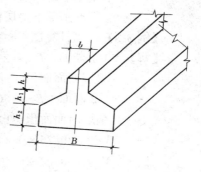

图 3-11　带形基础图

带形基础工程量按图示尺寸以立方米（m^3）计算。

$$\text{带形基础体积} \quad V = \text{基础断面面积} \times \text{基础长度} \tag{3-15}$$

式中　基础断面面积　$A = B \times h_2 + \dfrac{1}{2}(B + b) \times h_1 + b \times h$ 　　(3-16)

　　　　基础长度：外墙按中心线长；

　　　　　　　　　内墙按净长线长。

（4）筏形基础（又称满堂基础）：

筏形基础是由梁、板、柱、墙组合浇注而成的基础。它包括有梁式筏形基础和无梁式筏形基础两种。

有梁式筏形基础类似倒置的肋形板，其工程量为板与梁的工程量之和。

$$\text{有梁式筏形基础体积} = （\text{基础底板面积} \times \text{板厚}）+ （\text{梁断面面积} \times \text{梁长}） \tag{3-17}$$

无梁式筏形基础类似无梁板，其工程量是板的体积。

$$\text{无梁式筏形基础体积} = \text{基础底板长} \times \text{基础底板宽} \times \text{板厚} \tag{3-18}$$

筏形基础中的墙和柱，应执行墙和柱的相应定额，因此，筏形基础中只有梁和板才能套筏形基础定额子目。

（5）箱形基础：

箱形基础是指上有顶盖，下有底板，中间有纵、横墙板或柱连接成整体的基础。它具有较大的强度和刚度，多用于高层建筑中。箱形基础的工程量应分解计算。底板体积套筏形基础定额子目，顶盖板套板的定额子目，隔板与柱，分别套用墙与柱的定额子目。它们的工程量均按图示尺寸以立方米（m^3）计算。

3. 基础梁

建筑物用独立柱承重时，独立柱之间常用基础梁连接。用以承受其上部墙体传来的荷载。基础梁的工程量按图示尺寸以立方米（m^3）计算。

$$\text{基础梁体积} = \text{基础梁断面面积} \times \text{基础梁长} \tag{3-19}$$

4. 基础下垫层

基础下垫层是指承受基础的荷载，并均匀地传递给下面土层的一种应力分布扩散层。它有灰土垫层、碎石垫层、炉碴垫层以及有筋和无筋混凝土垫层等。垫层的工程量按图示尺寸以立方米（m³）计算。

$$基础垫层体积 = 垫层底面积 \times 垫层厚度 \qquad (3-20)$$

对于带形基础下的垫层，应按以下方法进行计算，并扣除 T 形接头重复部分的体积。

$$带形基础下垫层体积 = 垫层断面面积 \times 垫层长 - T 形接头体积 \qquad (3-21)$$

【例 3-3】 试计算图 3-8 条形基础下垫层的工程量。如图 3-12 所示。

【解】 1-1 断面 $L_{1\text{-}1} = 29.76$（m）

垫层断面面积 $= 1.2 \times 0.2 = 0.24$

2-2 断面 $L_{2\text{-}2} = 50$（m）

垫层断面面积 $= 1 \times 0.2 = 0.2$

$V_{1\text{-}1} = 29.76 \times 0.24 = 7.14$（m³）

$V_{2\text{-}2} = 50 \times 0.2 = 10$（m³）

$V_T = 1.2 \times (0.5 - 0.12) \times 0.2 = 0.09$（m³）

$V = V_{1\text{-}1} + V_{2\text{-}2} - V_T \times 2$

$\quad = 7.14 + 10 - 0.09 \times 2$

$\quad = 16.96$（m³）

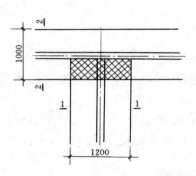

图 3-12 T 形接头垫层图

5. 土石方工程

土石方工程包括平整场地、钻探回填孔、人工挖地槽、人工挖地坑、人工挖土方、回填土、夯实和运土方等分项工程。计算土石方工程量前，应首先确定土石方计算的基本资料。

（1）确定土石方工程量计算的基本资料：

1）土壤的类别和地下水位的标高。由此，可以确定工程挖什么土质的土方，是 I、II 类土，还是 III、IV 类土；是挖干土，还是挖湿土。这关系到定额单价的取用和放坡系数的确定。

2）土石方工程的施工方法，按施工组织设计或施工方案规定。这关系到工程量计算规则和定额单价的选套。

3）放坡系数和工作面的确定。根据土质和挖土深度，选取放坡系数 K 和放坡起点高度，根据垫层与基础是否需要支模板，确定是否需要留工作面 C。

工作面 C 一般取 30cm；放坡系数 K 按照表 3-9 取用。K 表示深度 1m 应放出的宽度，当挖土深度为 Hm，则应放出的宽度为 KHm。

（2）主要分项工程的工程量计算：

1）平整场地：

人工土方放坡系数 K 表 3-9

土壤类别	放坡起点（m）	放坡系数 K
I、II 类土	1.2	0.5
III、IV 类土	1.5	0.3

48

平整场地是指工程动土开工前，对施工现场±30cm 以内高低不平的部位，进行就地挖运填和找平。其工程量按建筑物底面积的外边线各放出 2m 后所围的面积计算。并利用基数"$S_底$"和"$L_外$"进行计算。如图 3-13 所示建筑物底面积均由矩形组成的。其工程量可按(3-22) 式计算：

$$S_平 = S_底 + 2L_外 + 16 \tag{3-22}$$

式中　$S_平$——平整场地的面积；

　　　$S_底$——底层外墙外边线所围面积即底层建筑面积；

　　　$L_外$——底层外墙外边线总长，$2L_外$ 指阴影线面积；

　　　16——四个角的正方形面积$=4×2×2=16$（m^2）。

以上公式适用于由矩形组成的各种形式的建筑物底面。因为，它们漏算面积的角与重复计算的角之差总是四个。如图 3-13 所示。

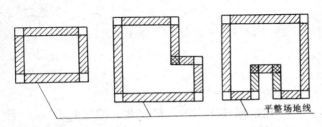
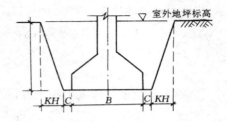

图 3-13　由矩形组成的建筑物底面积示意图　　图 3-14　地槽断面图

2）钻探回填孔：

钻探回填孔的工程量，按建筑物底面积的外边线各放出 3m 后，所围的面积计算。也利用前面的基数"$S_底$"和"$L_外$"进行计算。如图 3-13 所示。其工程量公式及适用范围同平整场地。

$$S_钻 = S_底 + 3L_外 + 36 \tag{3-23}$$

式中　$S_钻$——钻探回填孔的面积；

　　　36——四个角的正方形面积$=4×3×3=36$（m^2）；

　　　$3L_外$——表示影线部分的面积。

3）人工挖地槽

人工挖地槽是指槽长大于槽宽三倍，槽底宽度小于 3m。即

$$\begin{cases} L > 3B \\ B \leqslant 3m \end{cases}$$

式中　L——槽长；

　　　B——槽宽。

凡是满足此两条件者，均为地槽。其工程量计算，按图示尺寸以立方米（m^3）计算。如图 3-14 所示。

$$V = (B + 2C + KH) × H × L \tag{3-24}$$

式中　V——挖地槽体积；

　　　B——地槽中基础或垫层的宽度；

C——工作面宽度，需要支模时 $C=30\text{cm}$，不需支模时 $C=0$；

K——放坡系数，按表 3-9 选用，不放坡或支挡土板时，分别取零和 10cm；

H——自室外自然标高到槽底的深度；

L——地槽长度，外墙按中心线，内墙按净长线。

【例 3-4】 试计算图 3-8 条形基础的人工挖地槽的工程量。土质为Ⅰ、Ⅱ类土。

【解】 $L_{1-1}=29.76$（m）

$L_{2-2}=50$（m）

$H=1.4-0.3=1.1$（m）

不到放坡的起点高度，故而 $K=0$。

$C=0.3$（m）（因为垫层需支混凝土模板）

$B_{1-1}=1.2$（m）

$B_{2-2}=1.0$（m）

人工挖地槽体积

$$V=(1.2+2\times0.3)\times1.1\times29.76+(1+2\times0.3)\times1.1\times50$$

$$=58.93+88$$

$$=146.93（\text{m}^3）$$

4）人工挖地坑和人工挖土方：

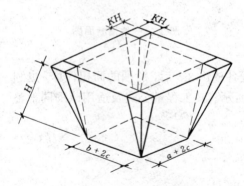

图 3-15 基坑放坡透视图

凡是槽长不大于三倍槽宽，槽宽大于 3m，且坑底面积 $\leqslant 20\text{m}^2$ 的挖土均称为挖地坑。若坑底面积 $>20\text{m}^2$ 则称为挖土方。即：

满足

$$\begin{cases} L\leqslant 3B \\ B>3\text{m} \\ A\leqslant 20\text{m}^2 \end{cases}$$

条件者为挖地坑；满足：

$$\begin{cases} L\leqslant 3B \\ B>3\text{m} \\ A>20\text{m}^2 \end{cases}$$

条件者为挖土方如图 3-15 所示。挖地坑或挖土方的工程量按公式（3-25）计算。

$$V=(a+2c+KH)(b+2c+KH)H+\frac{1}{3}K^2H^3 \tag{3-25}$$

式中 V——地坑或土方的体积；

a——坑底长；

b——坑底宽；

c——工作面宽；

H——地坑深度；

K——放坡系数；

$\frac{1}{3}K^2H^3$——四角锥体的体积，按表 3-10 查用。

K H (m)	0.25	0.3	0.33	0.5	K H (m)	0.25	0.3	0.33	0.5
1.2	0.04	0.05	0.06	0.14	3.0	0.56	0.81	0.98	2.25
1.3	0.05	0.07	0.08	0.18	3.1	0.62	0.90	1.08	2.48
1.4	0.06	0.08	0.10	0.23	3.2	0.68	0.98	1.19	2.7
1.5	0.07	0.10	0.12	0.28	3.3	0.75	1.08	1.30	2.99
1.6	0.09	0.12	0.15	0.34	3.4	0.82	1.18	1.43	3.28
1.7	0.10	0.15	0.18	0.41	3.5	0.90	1.29	1.56	3.57
1.8	0.12	0.17	0.21	0.49	3.6	0.97	1.40	1.69	3.89
1.9	0.14	0.21	0.25	0.57	3.7	1.06	1.52	1.84	4.22
2.0	0.17	0.24	0.29	0.67	3.8	1.14	1.65	1.99	4.57
2.1	0.19	0.28	0.34	0.77	3.9	1.24	1.78	2.15	4.94
2.2	0.22	0.32	0.39	0.89	4.0	1.33	1.92	2.32	5.33
2.3	0.25	0.37	0.44	1.01	4.1	1.44	2.07	2.50	5.74
2.4	0.29	0.41	0.50	1.15	4.2	1.54	2.22	2.69	6.17
2.5	0.33	0.47	0.57	1.30	4.3	1.66	2.39	2.89	6.63
2.6	0.37	0.53	0.64	1.46	4.4	1.78	2.56	3.09	7.10
2.7	0.41	0.59	0.71	1.64	4.5	1.90	2.73	3.31	7.59
2.8	0.46	0.66	0.80	1.83	4.6	2.03	2.92	3.53	8.11
2.9	0.51	0.73	0.89	2.03	4.7	2.16	3.11	3.77	8.65

　　5）基础回填土：

$$基础回填土体积 ＝ 基础挖土体积 － 室外地坪以下埋设物的体积 \qquad (3-26)$$

式中　室外地坪以下埋设物的体积＝基础体积＋基础垫层体积＋地梁体积 　　(3-27)

　　6）室内回填土（又叫房心土回填）：

$$室内回填土体积 ＝ 底层主墙间净面积 × （室内外高差 － 地坪厚度） \qquad (3-28)$$

式中　底层主墙间净面积＝底层占地面积－（$L_{中}$×外墙厚＋$L_{内}$×内墙厚） 　　(3-29)

　　　　主墙——指墙厚大于 15cm。

【例 3-5】　试计算图 3-4 条形基础平面图的回填土体积。

【解】　1. 房心土回填体积计算

　　　　　底层占地面积＝25.24×10.24＝258.46（m²）

　　　　　主墙间净面积＝258.46－（29.76＋50）×0.24＝239.32（m²）

　　　　　室内外高差＝0.3（m）

　　　　　地坪设计厚度＝0.08（m）

　　　　　房心土回填体积 V＝239.32×（0.3－0.08）＝52.65（m³）

　　2. 基础回填土体积计算

由例 3-1 得砖基础体积 $V_{基}$＝42.52（m³），其中室外地坪以上部分砖基体积为

$$b×0.3×（L_{1-1}＋L_{2-2}）＝0.24×0.3×（29.76＋50）＝5.74(m³)$$

由例 3-3 得该基础的垫层体积 $V_{垫}$＝16.96（m³）

由例 3-4 得该地槽挖土体积 $V_{挖}$＝146.93（m³）；

室外地坪标高以下埋设物体积

$$V_{埋} ＝ 42.52 － 5.74 ＋ 16.96 ＝ 53.74(m³)$$

$$基础回填土体积 = V_挖 - V_埋 = 146.93 - 53.74 = 93.19(m^3)$$
$$条形基础的回填土 = 房心土回填体积 + 基础回填土体积$$
$$= 52.65 + 93.19 = 145.84 (m^3)$$

7）土石方的运输：

土石方的运输是指把开挖后多余的土、石运至指定地点，或在回填土不足的情况下，从取土地点回运到现场。土方运输包括余土外运、外购土方和脏土外运。

（A）余土外运是指挖出的土方用于回填后，剩余的土方必须运往指定地点。其工程量按公式（3-30）计算：

$$余土外运体积 = （挖土体积 - 回填土总体积）× 1.22 \qquad (3-30)$$

式中　回填土总体积 = 基础回填土体积 + 房心土回填体积 $\qquad$ (3-31)

1.22——松散系数。

（B）外购土方指挖出土方不能用于回填，必须外购回填土运往现场。其工程量等于填土总体积乘以松散系数。

（C）脏土外运指挖出土方不能用于回填，必需全部运出现场。其工程量等于挖土体积乘以松散系数。

（二）混凝土及钢筋混凝土工程量计算

1. 工程量计算的有关规定

（1）混凝土及钢筋混凝土工程包括：各种现浇的柱，梁，板，挑檐，楼梯，阳台，雨篷以及零星构配件；预制的柱，梁，板，屋架，天窗架，挑檐板，楼梯以及零星构配件和预应力板、梁、屋架等分项工程项目。

（2）各种混凝土及钢筋混凝土现浇构件，预制构件以及预应力构件，都是将"混凝土"、"钢筋"、"模板"三大项内容分别列项计算的。编制预算时，工程量计算应按上述三大项分开计算。首先，列项计算模板工程量，并按图示尺寸分别以立方米（m³）、平方米（m²）和延长米计算；其次，计算混凝土工程量，并根据模板工程量按其不同的混凝土等级归类汇总以立方米（m³）计算；最后，按照模板工程项目和配筋图逐项计算钢筋工程量并以吨（t）为计量单位。

（3）当层高超过3.6m时，现浇构件应增加支模超高费；钢筋混凝土墙板构件中均不扣除面积在0.3m²以内孔洞所占的体积。

2. 主要分项工程的模板工程量计算方法

（1）产品构件：

钢筋混凝土产品构件是指由预制加工厂生产的钢筋混凝土商品构件。它分为标准构件和非标准构件两类。

1）标准预制构件：

由于标准预制构件设计定型化，规格统一，工程量一般根据结构施工平面图，按不同规格型号以块或件计算。每块（或件）的体积在标准图中均有注明。所以，标准预制钢筋混凝土构件的工程量计算十分简便。

2）非标准预制构件：

由于非标准预制构件的设计不定型、规格多样，根据结构施工平面图按不同种类构件分别以块（或件）统计数量，每块（或件）的体积按施工图示尺寸以立方米（m³）计算。

（2）现场预制构件：

1）预制桩：

$$预制钢筋混凝土桩的体积 V = 桩长 \times 桩断面 \qquad (3-32)$$

式中　桩长——指包括桩尖在内的全部长度。

2）预制梁、板、柱、屋架等构件：

预制钢筋混凝土梁、板、柱和屋架等构件，均按图示尺寸，以立方米（m^3）计算。

【例 3-6】　试计算图 3-16 所示 I 形柱的工程量。

【解】　I 形柱体积由截面 1-1，2-2，3-3 和牛腿四部分体积组成。

$$V_{1-1}=0.4\times0.4\times3=0.48 \ (m^3)$$

$$V_{3-3}=0.7\times0.4\times(6-4+0.4+0.25)=0.742 \ (m^3)$$

$$V_{2-2}=0.7\times0.4\times4-\frac{0.14}{6}[4\times0.50+3.95\times0.45$$
$$+(4+3.95)(0.5+0.45)]\times2=0.591 \ (m^3)$$

$$V_{牛腿}=\frac{0.65+0.25}{2}\times0.4\times0.4=0.072 \ (m^3)$$

所以 I 形柱体积 $V=V_{1-1}+V_{2-2}+V_{3-3}+V_{牛腿}=0.48+0.742+0.591+0.072$
$$=1.885 \ (m^3)$$

3）预制零星构件：

预制零星构件如漏空花格墙、壁龛、阳台隔板、厕所高低隔板、盥洗台、水池、小便池等。这些零星构件不便于计算。许多地区为了简化计算，定额规定：漏空花格墙、壁龛及阳台隔板的模板工程量均按其外围面积计算；水池按个计算；盥洗台、小便池及厕所隔板均按延长米计算。

4）与预制构件有关的相应分项工程的工程量：

与预制构件有关的分项工程有：预制构件的灌缝，蒸汽养护，运输及安装等分项子目。它们的工程量均与构件体积相同。

以上预制构件的工程量，均为图纸工程量，编制预算时，均应在此基础上增加 1.5% 的制作、运输及安装损耗。

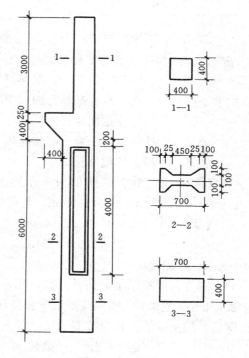

图 3-16　I 形柱

（3）现浇构件：

1）现浇柱：

各种形状的现浇柱和抗震柱，均按实际体积计算。依附于柱上的牛腿体积按图示尺寸计算后并入柱身体积内。但附于柱上的悬臂梁，则以柱的侧面为界，界线以外部分按悬臂梁计算。

$$柱的体积 V = 柱高 \times 柱的截面积 \qquad (3-33)$$

计算现浇钢筋混凝土柱时，柱高应正确确定，柱的高度有以下三种情况：

（A）有梁板下的柱，其柱的高度是从基础扩大面和上表面算至有梁板的板面；

（B）无梁板下的柱，其柱的高度是从基础扩大面的上表面算至柱帽（或柱托）的下表面；

（C）框架柱，其柱的高度有楼层者，从基础扩大面的上表面，（或从楼层的楼板上表面）算至上一层楼板的上表面。无楼层者，从基础扩大面的上表面算至柱的顶面。如图 3-17、3-18 所示。

无梁板下的柱帽（或柱托）的体积，应单独计算，有的地区定额规定并入柱内；有的地区规定并入无梁板内；有的地区定额中有柱帽（或柱托）子目。

2）现浇构造柱：

为了加强结构的整体性，增强结构的抗震能力，在混合结构的砖墙中，增设钢筋混凝土构造柱，并用马牙岔与砖墙咬结。如图 3-19 所示。构造柱的工程量按图示尺寸以立方米

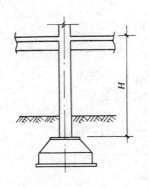

图 3-17　有梁板下柱　　　　图 3-18　无梁板下柱　　　　图 3-19　构造柱

（m³）计算。构造柱基的工程量应并入柱身的工程量内。

$$V = H \times (B + b) \times A \qquad (3-34)$$

式中　H——柱高，从柱基算至圈梁上表面；

B——构造柱截面宽；

b——构造柱与砖墙的咬岔宽度 $b = 60\text{mm}$；

A——构造柱截面长。

【例 3-7】　试计算图 3-20 所示构造柱的体积。已知：柱高为 2.9m，截面为 240mm×360mm，与砖墙咬岔为 60mm。

【解】　$V = 2.9 \times (0.24 + 0.06) \times 0.24 + (0.12 + 0.03) \times 0.24 \times 2.9 = 0.313 \ (\text{m}^3)$

3）现浇梁：

现浇钢筋混凝土梁按其形状、用途和施工特点，可分为基础梁，单梁，连续梁，圈梁或矩形梁和异形梁等分项工程项目。各类钢筋混凝土梁的工程量按图示尺寸以立方米（m³）计算。

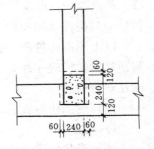

梁的体积 V = 梁长 × 梁断面面积　　（3-35）　图 3-20　构造柱平面图

式中，梁长按以下规定确定：

（A）当梁与柱连接时，梁长算至柱的侧面。

（B）次梁与主梁连接时，次梁长算至主梁的侧面。

（C）当梁伸入到砖墙内时，梁按实际长度计算（包括伸入墙内的梁头长度）。

（D）当梁与混凝土墙连接时，梁长算至混凝土墙的侧面。

（*E*）圈梁的梁长，外墙按外墙中心线长（$L_{中}$），内墙按内墙净长线长（$L_{内}$）。

计算梁的工程量时，现浇梁垫的体积应并入梁的体积内。

4）现浇墙：

现浇钢筋混凝土墙可分直形墙、挡土墙、地下室墙和剪力墙等分项工程项目。

（*A*）直形墙：

凡地下室墙厚在 35cm 以内者，称直形墙，执行钢筋混凝土墙的定额；

（*B*）挡土墙和地下室墙：

凡地下室墙厚超过 35cm 者，称挡土墙，执行钢筋混凝土地下室墙的定额。

（*C*）剪力墙：

凡现浇或预制的框架结构的纵横内墙，称剪力墙。执行钢筋混凝土墙的定额。对于弧形墙，应执行直墙定额乘 1.22 系数进行计算。各类钢筋混凝土墙工程量，均按图示尺寸以立方米（m³）计算。

$$墙的体积 V = 墙长 \times 墙高 \times 墙厚 - \sum 0.3m^2 以上门窗及孔洞面积 \times 墙厚$$

式中　墙长——外墙按中心线长（有柱者算至柱侧），内墙按净长线长（有柱者算至柱侧）；

墙高——从基础上表面算至墙顶；

墙厚——按设计图纸规定。

5）现浇板：

现浇钢筋混凝土板，可分为有梁板，无梁板，平板以及叠合板等分项工程项目。

各类钢筋混凝土板的工程量，均按图示尺寸以立方米（m³）计算。

$$板的体积 V = 板长 \times 板宽 \times 板厚 \tag{3-36}$$

（*A*）有梁板：

指梁和板连成一体的板，有梁板中梁的工程量应并入板的体积内。所以，有梁板的体积等于梁与板的体积之和。

（*B*）无梁板：

指直接支承在柱上的板，其工程量只含板的工程量，并算至柱或混凝土墙的侧面。无梁板下的柱帽或柱托单独计算工程量，按本地区定额规定，并入板内或是单独执行柱帽（或柱托）定额子目。

（*C*）平板：

指直接支承在砖墙上的板，伸入砖墙上的板头，应并入板的工程量内计算，板与圈梁连接时，板算至圈梁的侧面；板与混凝墙连接时，板算至混凝土墙的侧面。

（*D*）叠合板：

指在预制楼板上再浇一层现浇层，其工程量等于叠合板面积乘以现浇层的厚度以立方米（m³）计算。

6）现浇整体楼梯：

现浇钢筋混凝土整体楼梯，是将楼梯踏步、楼梯斜梁、休息平台及平台梁等浇灌成一整体的楼梯。其工程量是以分层水平投影面积之和表示的。

分层水平投影面积是以楼梯水平梁外侧为界，不计算伸入墙体的面积。水平梁外侧以外的面积应并入该层的地面或楼面工程量内。如图 3-21 所示。

当 $c \leqslant 50\text{cm}$ 时，投影面积 $S_i = L \times A$；

当 $c > 50\text{cm}$ 时，投影面积 $S_i = (L \times A) - (c \times x)$

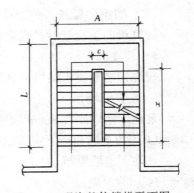

式中　S_i——第 i 层楼梯的投影面积；

　　　L——楼梯长度；

　　　A——楼梯净宽度；

　　　c——楼梯井宽度；

　　　x——楼梯井长度。

7）现浇阳台和雨篷：

现浇钢筋混凝土阳台和伸出外墙宽度小于 1.5m 的雨篷，工程量均按伸出墙外的水平投影面积计算。不再另计算

图 3-21　现浇整体楼梯平面图

其挑梁和上弯高度不足 18cm 部分的工程量。上弯高度超过 18cm 者另列栏板项目按延长米（m）计算栏板工程量。

以柱支承的雨篷，或虽不以柱支撑，但伸出墙外大于 1.5m 的雨篷，其工程量应按图示尺寸分别计算柱、梁、板和栏板的工程量。执行柱、梁、板和栏板的定额子目。

8）现浇挑檐：

现浇钢筋混凝土挑檐指屋顶圈梁以外部分。如图 3-22 所示。其工程量包括水平段 A 和上弯部分 B 以及挑檐板和上弯部分的加劲小梁和小柱的体积。并按公式（3-37）计算。

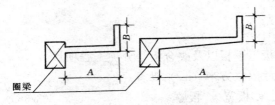

图 3-22　现浇挑檐断面图

$$V = [L_{外}(A + B) + 4(A + B)^2] \times \delta_{平均} \tag{3-37}$$

式中　V——挑檐体积；

　　　$L_{外}$——外墙外边线总长；

　（$A+B$）——挑檐外侧长；

　　$\delta_{平均}$——挑檐水平部分与上弯部分平均厚度。

当 （$A+B$） $\leqslant 0.3\text{m}$ 时，将挑檐工程量并入圈梁，执行圈梁定额子目；

当 （$A+B$） $> 0.3\text{m}$ 时，方能执行挑檐定额子目。

9）现浇遮阳板：

现浇钢筋混凝土遮阳板，是指窗口顶部伸出外墙的狭窄水平板，用来减少阳光直射面积，称为遮阳板。水平遮阳板一般与圈梁连接在一起。其工程量按伸出墙外（大于 30cm）部分的水平投影面积计算（小于 30cm 时，按体积计算并入圈梁工程量内）。

垂直遮阳板按现浇钢筋混凝土墙计算工程量。并执行钢筋混凝土墙的定额子目。预制垂直遮阳板执行预制平板定额子目。

3. 主要分项工程的混凝土工程量计算

混凝土工程不按照各分项工程分别执行定额子目，而是将各分项工程的模板工程量按照混凝土等级分别以 C20 以内、C30 以内和 C30 以上以及预应力混凝土等分项子目归并汇总，以立方米（m³）计算。

（1）对于以水平投影面积和以延长米计算的模板工程子目，其混凝土工程量必须先按

56

照表 3-11 换算成立方米体积后才能归并和汇总。

混凝土含量表 〔单位：m^3/m^2（m）〕 表 3-11

构件名称	现浇楼梯		现浇雨篷	现浇阳台	现浇栏板	现浇栏杆
	普通楼梯	旋转楼梯				
混凝土含量	0.2325	0.1850	0.1281	0.207	0.0483	0.0177

（2）对于不便于计算的零星构件，如水池模板工程量是按"个"计算的；壁龛、隔板和漏空花格的模板工程量是按"平方米"计算的；厕所隔板、小便池和盥洗台的模板工程量又是按延长米计算的，这些零星构件的混凝土、钢筋与抹灰工程量均比较难以计算，可参照表 3-12 选用。

零星构件混凝土、钢筋、抹灰面积含量表 表 3-12

零星构件名称		单位	含 量		
			混凝土（m^3）	钢筋（kg）	抹灰面积（m^2）
水池	投影面积 A： $A \leqslant 0.5$（m^2） $A \leqslant 0.72$（m^2）	100 个	8 12	850 1400	361 546
壁龛 橱板 漏空花格		$100m^2$	7.10 11.00 2.46	350 750 936	277 127
厕所高隔板 厕所低隔板 单面盥洗台 小便池（包括栏板）		100m	5.12 3.42 4.95 9.32	210 220 480 70	349 236 237 234

4. 主要分项工程的钢筋工程量计算

对于预制标准构件可直接由标准图中查出单位用量；对于非标准的预制或现浇构件，应根据模板工程量的分项工程项目和数量按施工图的配筋，逐个进行计算和汇总。钢筋工程量计算步骤如下：

第一步计算不同类别，不同直径的钢筋长度。

$$钢筋长度 = 构件长度 - 保护层 + \frac{弯钩增}{加长度} + \frac{弯起增}{加长度} + \frac{锚固增}{加长度} + \frac{搭接增}{加长度} \quad (3\text{-}38)$$

第二步计算钢筋的净用量。

将各类直径钢筋的总长度分别乘以相应的每米重量。即：

$$钢筋净用量 = \sum_{i=1}^{n}(\phi_i 钢筋的总长 \times \phi_i 钢筋的每米重量) \quad (3\text{-}39)$$

第三步计算钢筋的定额用量。

$$钢筋的定额用量 = 钢筋净用量 \times （1 + 损耗率） \quad (3\text{-}40)$$

式中，钢筋损耗率一般取 2.5%；预应力钢丝取 9%；后张法预应力钢筋取 13%；其他预应力钢筋取 6%。

(1) 钢筋长度的计算方法：

1) 钢筋保护层：

钢筋保护层系指钢筋外表面到构件外表面之间的混凝土层厚度。设置保护层的目的是为了防止钢筋锈蚀，其厚度按表 3-13 取用。

2) 钢筋弯钩增加长度：

钢筋弯钩增加长度应根据钢筋类型和钢筋弯钩的形状来确定。如图 3-23 所示。半圆弯钩增加长度为 $6.25d_0$；直弯钩增加长度为 $3.9d_0$；斜弯钩增加长度为 $5.9d_0$。图中 "x" 的值按设计配筋图尺寸，设计配筋图未注明者一律按 $3d_0$ 考虑。

钢筋保护层厚度表   表 3-13

构 件 名 称		保护层厚度（mm）
墙和板	板厚≤100mm	10
	板厚＞100mm	15
梁和柱	主筋	25
	构造筋及箍筋	15
基 础	有垫层	35
	无垫层	70

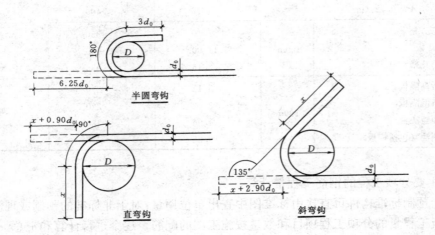

图 3-23 弯钩示意图

3) 弯起钢筋增加长度：

弯起钢筋增加长度，应根据弯起的角度和弯起的高度计算求出。如图 3-24 所示。

由图可见，弯起角度越小，斜长 S 与水平长 L 的差就越小，弯起钢筋增加长度就越小

$$弯起钢筋增加长度 = S - L \tag{3-41}$$

式中　S——弯起钢筋斜长；

　　　L——弯起钢筋水平长。

当弯起角度为 30° 时，$S = 2h_0$，$L = \sqrt{3}\,h_0$，则

$$S - L = 2h_0 - \sqrt{3}\,h_0$$
$$= 0.268h_0 \tag{3-42}$$

当弯起角度为 45°时，$S=\sqrt{2}\,h_0$

$L=h_0$，则

$$S-L=\sqrt{2}\,h_0-h_0=0.414h_0$$

$$(3-43)$$

当弯起角度为 60°时，$S=2L$，$L=\dfrac{\sqrt{3}}{3}h_0$，则

$$S-L=2L-L=L$$

$$=\frac{\sqrt{3}}{3}h_0=0.577h_0 \quad (3-44)$$

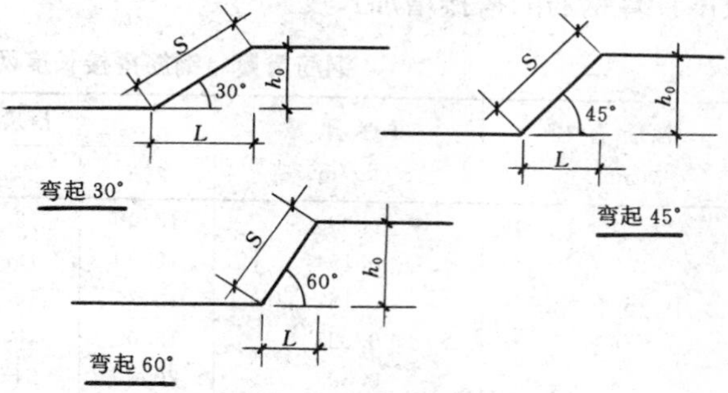

图 3-24　弯起钢筋斜长示意图

为了简化计算，现将弯起钢筋增加长度按不同弯起角度和不同弯起高度分别计算并列于表 3-14 中，供直接查用。

弯起钢筋增加长度表　　　　　　　　　　　　　　表 3-14

h_0 (cm)	弯起增加长度（cm）			h_0 (cm)	弯起增加长度（cm）		
	30°	45°	60°		30°	45°	60°
10	2.68	4.14	5.80	65	17.42	26.91	37.53
15	4.02	6.21	8.66	70	18.76	28.98	40.42
20	5.36	8.28	11.55	75	20.10	31.05	43.35
25	6.70	10.35	14.43	80	21.44	33.12	46.19
30	8.04	12.42	17.32	85	22.78	35.19	49.08
35	9.38	14.49	20.21	90	24.12	37.26	51.96
40	10.72	16.56	23.09	95	25.46	39.33	54.85
45	12.06	18.63	25.98	100	26.80	41.40	57.80
50	13.40	20.70	28.87	105	28.14	43.47	60.62
55	14.74	31.75	22.77	110	29.48	45.54	63.51
60	16.08	34.64	24.84	120	32.16	49.68	69.28

4）钢筋搭接增加长度：

钢筋搭接增加长度，系指钢筋结构需要的长度超过 6m，必须进行搭接施工，搭接接头处所增加的钢筋长度。由于焊接接头增加长度很少，各地区定额单价内均综合考虑了。而搭接接头多用铁丝绑扎搭接，其搭接长度应符合表 3-15 的规定。

绑扎钢筋的最小搭接长度 L_d　　　　　　　　　　表 3-15

钢筋类别	受 拉 区	受 压 区	另增两个半圆钩的长度
Ⅰ级钢筋	30d	25d	12.5d
Ⅱ级钢筋	35d	30d	—
Ⅲ级钢筋	40d	35d	—
冷拔丝	250mm	200mm	—

为了简化计算，现将不同直径钢筋的搭接增加长度和两端半圆弯钩增加长度及每米重量列于表 3-16 中，以便直接查用。编制单位工程施工图预算时，一般均按照受拉区的搭接

长度计算钢筋的搭接增加长度。

钢筋重量、钢筋搭接长度两个半圆钩长度表   表 3-16

钢筋直径 (mm)	每米重量 (kg/m)	搭接长度 L_d (cm)				两端半圆钩长度 (cm)
		25d	30d	35d	40d	
4	0.099	10.00	12.00	14.00	16.00	5.00
5	0.154	12.50	15.00	17.50	20.00	6.25
5.5	0.187	13.75	16.50	19.25	22.00	6.86
6	0.222	15.00	18.00	21.00	24.00	7.50
8	0.395	20.00	24.00	28.00	32.00	10.00
10	0.617	25.00	30.00	35.00	40.00	12.50
12	0.888	30.00	36.00	42.00	48.00	15.00
14	1.208	35.00	42.00	49.00	56.00	17.50
16	1.578	40.00	48.00	56.00	64.00	20.00
18	1.998	45.00	54.00	63.00	72.00	22.50
20	2.466	50.00	60.00	70.00	80.00	25.00
22	2.984	55.00	66.00	77.00	88.00	22.50
25	3.853	62.50	75.00	87.50	100.00	31.25
28	4.834	70.00	84.00	98.00	112.00	35.00
30	5.549	75.00	90.00	105.00	120.00	37.50
32	6.313	80.00	96.00	112.00	128.00	40.00
36	7.990	90.00	108.00	126.00	144.00	45.00

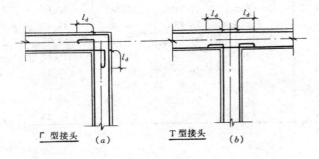

图 3-25 锚固长度示意图

5）钢筋锚固增加长度

计算圈梁钢筋时，外墙圈梁主筋长度是按外墙中心线长 $L_中$ 计算的，内墙圈梁主筋长度是按内墙净长线长 $L_内$ 计算的，未考虑纵横外墙"Γ"型接头处相互锚入的长度，如图 3-25 中（a）所示。也未考虑内外墙"T"型接头处内墙圈梁主筋向外墙圈梁锚入的长度，如图 3-25 中（b）所示。这些锚入长度称做钢筋的锚固长度。还如，不同构件的交接处，钢筋也应互相锚入。如现浇板与圈梁，主梁与次梁，板与梁等交接处钢筋均应互相锚入，以增强结构的整体性。为此，计算钢筋工程量时，不应漏掉这些部位的锚固钢筋的用量。每个锚固点钢筋的增加长度（称锚固长度）与钢筋搭接增加长度相同。参考表 3-15 选用。但对于 I 级钢筋来说，每个锚固长度只需加一个半圆弯钩。即

$$锚固长度 = L_d + 6.25d \qquad (3-45)$$

图 3-25 所示，每道外墙有两个 Γ 型接头，每道内墙有两个 T 型接头。

6）箍筋长度：

箍筋是为了固定主筋位置和组成钢筋骨架而设置的，箍筋长度的计算包括两个内容

（A）箍筋长度

在施工图预算编制中，可采用以下简易方法计算箍筋的长度 l。

当箍筋为 $\phi4$ 时，$l=2(b+h)-5\text{cm}$；

当箍筋为 $\phi6$ 时，$l=2(b+h)-2\text{cm}$；

当箍筋为 $\phi8$ 时，$l=2(b+h)+1\text{cm}$；

当箍筋为 $\phi10$ 时，$l=2(b+h)+4\text{cm}$；

当箍筋为 $\phi12$ 时，$l=2(b+h)+7\text{cm}$。

式中　b——构件断面宽度；

　　　h——构件断面高度。

（B）箍筋根数

箍筋的根数应根据不同配筋间距，分段计算。

$$每段箍筋根数\,k=\frac{该段的配筋范围长度}{箍筋间距}+1 \tag{3-46}$$

（C）构件箍筋总长度　$L=\sum_{1}^{n}(K_i\times l_i)$ (3-47)

式中　l_i——第 i 段每根箍筋长度；

　　　K_i——第 i 段箍筋的根数。

（2）各类型钢筋长度的计算：

1）直钢筋长度计算：

（A）两端带半圆弯钩，如图 3-26 所示。

$$钢筋长度=L-2b+12.5d_0 \tag{3-48}$$

式中　L——构件长度；

　　　b——保护层厚度；

　　　d_0——钢筋直径。

（B）两端弯折 $90°$，如图 3-27 所示。

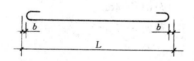
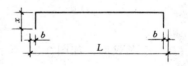

图 3-26　端部半圆弯钩　　　　　　图 3-27　端部弯折 $90°$

$$钢筋长度=L-2b+2(x+0.9d_0) \tag{3-49}$$

式中　x——设计图示尺寸，若无 x 尺寸，仅有直弯钩，则 x 取 $3d_0$ 则

$$钢筋长度=L-2b+7.8d_0 \tag{3-50}$$

2）弯起钢筋长度计算：

（A）双弯起端部带弯钩，如图 3-28 所示。

$$钢筋长度=L-2b+2\times弯起增加长度+2\times弯钩增加长度 \tag{3-51}$$

式中，弯起增加长度，根据弯起角度及弯起高度，由表 3-14 中选用。

弯钩增加长度，按照弯钩形状选用：

当为半圆钩时，弯钩增加长度为 $6.25d_0$；当为直钩时，弯钩增加长度为 $3.9d_0$；当弯钩为斜钩时，弯钩增加长度为 $5.9d_0$。

（B）双弯起端部带弯折带弯钩

若弯折长度为 x，如图 3-29 所示。

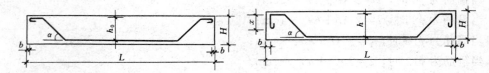

图 3-28　双弯起端部弯钩　　　　图 3-29　双弯起带弯折及弯钩

$$钢筋长度 = L - 2b + 2 \times 弯起增加长度 + 2(x + 弯钩增加长度) \qquad (3-52)$$

式中符号及名称同上。

(C) 双弯起端部带弯折，如图 3-30 所示。

$$钢筋长度 = L - 2b + 2 \times 弯起增加长度 + 2(x + 0.9d_0)$$

(D) 单弯起端部带弯钩，如图 3-31 所示。

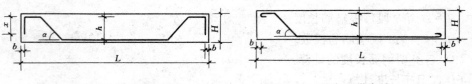

图 3-30　双弯起带弯折　　　　　图 3-31　单弯起带弯钩

$$钢筋长度 = L - 2b + 弯起增加长 + 2 \times 弯钩增加长 \qquad (3-53)$$

3) 箍筋长度计算：

(A) 矩形单箍，如图 3-32 所示。按经验计算：

$$箍筋长度 = 2(B + H) + \begin{cases} \phi 4(-5\text{cm}) \\ \phi 6(-2\text{cm}) \\ \phi 8(+1\text{cm}) \\ \phi 10(+4\text{cm}) \\ \phi 12(+7\text{cm}) \end{cases} \qquad (3-54)$$

(B) 矩形双箍，如图 3-33 所示。

$$箍筋长度 = 2\left(\frac{2}{3}B + H\right) + \begin{cases} \phi 4(-5\text{cm}) \\ \phi 6(-2\text{cm}) \\ \phi 8(+1\text{cm}) \\ \phi 10(+4\text{cm}) \\ \phi 12(+7\text{cm}) \end{cases} \qquad (3-55)$$

(3) 钢筋的总用量计算：

钢筋的总用量计算步骤：

1) 将不同规格的钢筋长度汇总。求出不同规格钢筋的总长度。

2) 将不同规格钢筋的总长度分别乘以相应的每米重量，求出各种规格钢筋的重量。

即：

$$各种规格钢筋的重量 = 各种规格钢筋的总长度 \times 相应的每米重量 \qquad (3-56)$$

3) 计算单位工程钢筋的净用量。

计算单位工程钢筋净用量时，应将预制构件的净用量与现浇构件的净用量分别计算。因为它们的损耗率不同。

$$现浇构件钢筋净用量 = \sum_1^n G_i$$

$$预制构件钢筋净用量 = \sum_1^n g_i$$

$$(3\text{-}57)$$

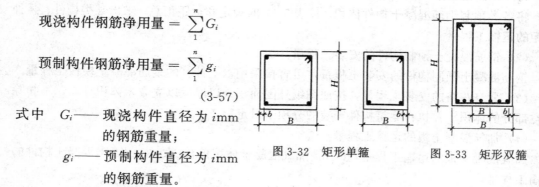

图 3-32　矩形单箍　　　　图 3-33　矩形双箍

式中　G_i——现浇构件直径为 $i\,mm$ 的钢筋重量；

　　　g_i——预制构件直径为 $i\,mm$ 的钢筋重量。

4）钢筋的损耗。

（A）现浇构件钢筋损耗率为 2%；

（B）预制构件钢筋损耗率为 2%，但以此为基础还另加 1.5% 的制作、运输与安装损耗。为此，单位工程钢筋总用量 G 按下式计算：

$$G = \sum_1^n G_i \times 1.02 + \sum_1^n g_i \times 1.02 \times 1.015 \qquad (3\text{-}58)$$

（三）构件运输与安装工程的工程量计算

1. 工程计算的有关规定

（1）安装构件的脚手架已综合在建筑脚手架费用内，安装专用脚手架已列入安装分项子目单价中，不另列项计算脚手架费用；

（2）体积小于 0.1m³ 的钢筋混凝土构件安装，执行小型构件安装分项子目；

（3）重量小于 500kg 的钢屋架安装，执行轻型屋架安装分项子目；

（4）金属构件运输分项子目内容包括装车与卸车费用；混凝土构件运输分项子目内容只包括卸车费，不包括装车费。外加工预制构件的装车费已列入产品价格内；现场预制构件的起模归堆均按 1km 运输考虑，不再计取装卸车费用；

（5）各地区构件运输分项子目是按构件类别和运输里程划分的，计算工程量时，应先按表 3-17 将预制构件划分类别；再将同一类别和同一运距的构件体积或重量汇总归并，执行同一个分项子目。

构 件 运 输 分 类 表　　　　　表 3-17

工程类别	名　称
Ⅰ 类构件	各类屋架，桁架，托梁，9m 以上的柱、梁、桩
Ⅱ 类构件	9m 以内的柱，梁，桩，薄腹梁，支架，大型屋面板，槽形板，肋形板，天沟板，空心板，平板，檩条，挑檐，楼梯梁，踏步，以及小型配套构件等
Ⅲ 类构件	天窗架，天窗端壁，挡风架，侧板，上、下挡，各种支撑，钢筋混凝土门窗框，钢门窗，铝合金门窗等
Ⅳ 类构件	全装配内、外墙板，整体大楼板，大型墙板，薄壳板等

2. 主要分项工程的工程量计算方法

（1）钢筋混凝土预制构件的运输工程量：

将各类预制钢筋混凝土构件体积，按表3-17的规定和运距汇总，求出某类构件、某种运距的运输工程量。

（2）钢筋混凝土预制构件的安装工程量：

钢筋混凝土预制构件的安装工程量，可直接采用以上计算的钢筋混凝土模板工程量。

（3）漏空花格的安装工程量，按照图纸外围面积乘以厚度以立方米体积计算，不扣除漏空部分的体积。并执行零星构件安装的分项子目定额。

（4）加气混凝土板的运输工程量：

加气混凝土板的运输工程量，按 $1m^3$ 加气混凝土体积折合成 $0.33m^3$ Ⅱ类混凝土构件的运输工程量。

（5）金属构件运输与安装工程量：

金属构件的运输与安装工程量均按图示尺寸以吨（t）计算。金属门窗按图示洞口面积和表3-18换算成吨，执行Ⅲ类金属构件运输分项子目和相应的安装分项子目定额。

金 属 门 窗 重 量 表   表 3-18

门窗名称	重 量 （kg/m²）	门窗名称	重 量 （kg/m²）
普通钢门	24	铝合金门	12
普通钢窗	18	铝合金窗	8

（四）砌筑工程的工程量计算

1. 墙身工程量

墙身工程量应按内、外墙及不同厚度以平方米面积计算。有些地区是按内、外墙以立方米体积计算的。

计算墙身工程量时，应扣除墙体上门窗洞口、过人洞、空圈以及嵌入墙身的钢筋混凝土柱、梁、过梁、圈梁和壁龛所占的面积（或体积）；但不扣除面积在 $0.3m^2$ 以内的孔洞、梁头、梁垫、防潮层、檩头、垫木、木楞头、檐椽木，木砖、门窗走头、墙内的加固钢筋和铁件等所占的面积（或体积）；突出墙面的窗台虎头砖、压顶线、山墙泛水、门窗套、三皮砖以下的腰线和挑檐等所占面积（或体积）也不增加。嵌入外墙的钢筋混凝土板头不予扣除，但嵌入内墙的板头，在计算墙身高度时应予扣除。墙身工程量按公式（3-59）（3-60）计算：

（1）计量单位为平方米面积时

$$ 墙体工程量 = 墙长 \times 墙高 - \frac{墙身门窗}{孔洞总面积} - \frac{嵌入墙身构件}{所占的面积} \qquad (3-59) $$

（2）计算单位为立方米体积时

$$ 墙体工程量 = (墙长 \times 墙高 - \frac{墙身门窗孔}{洞总面积}) \times 墙厚 - \frac{嵌入墙身构件}{所占的体积} \qquad (3-60) $$

式中　墙身长度——外墙按中心线 $L_{中}$；内墙按净长线 $L_{内}$。

外墙高度——从室内地坪标高算起，坡屋面无檐口天棚者算至屋面板底；有檐口天棚者算至屋架下弦另加20cm；平屋面算至钢筋混凝土板面。

内墙高度——从室内地坪算起，有屋架者算至屋架下弦底；无屋架者算至天棚底另加10cm，有楼层者，各层内墙按实际高度计算。山墙按平均高度计算。

墙身门窗孔洞总面积在门窗表内查用；

嵌入墙身构件从钢筋混凝土工程的工程量计算中查用。如果按面积计算，则

$$\text{嵌入墙身构件占面积} = \frac{\sum \text{嵌入墙身构件的体积}}{\text{相应的墙厚}} \tag{3-61}$$

2. 附墙烟囱、通风道和垃圾道的工程量

如果墙体工程量的计量单位为立方米体积，则只需将它们突出墙面的体积并入墙体工程量内。如果墙体工程量的计量单位为平方米面积，则将它们突出墙面的体积折换成所附砖墙的面积，并入墙体工程量内。当烟囱、通风道和垃圾道的每个孔洞横截面积大于 $0.1m^2$ 时，应扣除该孔洞体积所占的面积。其工程量按式（3-62）（3-63）计算：

$$\left.\begin{array}{l}\text{附墙烟囱} \\ \text{通风道} \\ \text{垃圾道}\end{array}\right\} \text{的面积} = \frac{(\text{突出墙面的横断面面积} - 0.1m^2 \text{以上孔洞面积}) \times \text{高度} \times \text{个数}}{\text{所附墙的墙厚}} \tag{3-62}$$

$$\left.\begin{array}{l}\text{附墙烟囱} \\ \text{通风道} \\ \text{垃圾道}\end{array}\right\} \text{的体积} = (\text{突出墙面的横断面面积} - 0.1m^2 \text{以上孔洞面积}) \times \text{高度} \times \text{个数} \tag{3-63}$$

3. 附墙垛的工程量

附墙垛的工程量计算方法有两种，计算工程量时，应根据附墙垛的突出墙面尺寸，选择合适的方法，可以简化计算。

（1）按附墙垛突出墙面的体积并入所附的墙体工程量内，或折换成所附墙体的面积并入墙体面积工程量内。附墙垛的工程量按式（3-64）（3-65）计算：

$$\text{附墙垛面积} = \frac{\text{附墙垛突出横断面面积} \times \text{垛高}}{\text{所附墙的墙厚}} \times \text{垛的个数} \tag{3-64}$$

$$\text{附墙垛体积} = \text{附墙垛突出墙面横断面面积} \times \text{垛高} \times \text{垛的个数} \tag{3-65}$$

（2）将附墙垛折成所附墙的长度并入 $L_中$ 或 $L_内$ 中，和墙一起计算墙的面积或体积，为简便计算，现将突出墙面不同断面的砖垛折成不同墙厚的长度列于表 3-19 中，以供直接查用。

【例 3-8】 某建筑物外墙中心线长 42m，墙厚 36.5cm（一砖半），附墙垛突出墙面为 $0.49m \times 0.125m$，外墙上共有 10 个垛，问附墙垛折成外墙的长度为多少？外墙的总长应为多少？

【解】 由表 3-19 查出 49cm×12.5cm 附墙垛的折算 36.5cm 墙的长度为 0.168m。

附墙垛的折算长度表　　　　　　　　　　　　　　　表 3-19

墙厚（cm） 折算长度（m） 砖垛突出 $a \times b$（cm×cm）	墙　厚　（cm）		
	11.5	24	36.5
24×12.5	0.26	0.125	0.082
36.5×12.5	0.397	0.190	0.125
49×12.5	0.533	0.255	0.168

墙厚（cm） 折算长度（m） 砖垛突出 $a \times b$（cm×cm）	墙　厚　（cm）		
	11.5	24	36.5
61.5×12.5	0.668	0.320	0.211
24×25	0.522	0.250	0.164
36.5×25	0.793	0.380	0.250
49×25	1.065	0.510	0.336
61.5×25	—	0.641	0.421
74×25	—	0.771	0.507

附墙垛折成外墙长度＝0.168×10＝1.68（m）；

外墙总长度＝42+1.68＝43.68（m）

4. 砖柱的工程量

砖柱的工程量包括柱身和柱基两个部分，其工程量按体积计算。标准砖砖柱的体积，可根据柱的断面尺寸及大放脚层数查表 3-20，进行计算。

标准砖柱大放脚及柱身体积表　　　　　　　　　　表 3-20

砖柱断面（砖×砖）	大放脚层数及体积（m³/个）						每米柱身体积
	二	三	四	五	六	七	
1×1	0.033	0.073	0.135	0.222	0.338	0.487	0.0576
1×1$\frac{1}{2}$	0.038	0.085	0.154	0.251	0.379	0.542	0.0876
1$\frac{1}{2}$×1$\frac{1}{2}$	0.044	0.097	0.174	0.281	0.421	0.598	0.1332
1$\frac{1}{2}$×2	0.050	0.103	0.194	0.310	0.462	0.653	0.1790
2×2	0.056	0.120	0.213	0.340	0.503	0.708	0.2401
2×2$\frac{1}{2}$	0.062	0.132	0.233	0.369	0.545	0.763	0.301
2$\frac{1}{2}$×2$\frac{1}{2}$	0.068	0.144	0.253	0.399	0.586	0.818	0.378
2$\frac{1}{2}$×3	0.074	0.156	0.273	0.428	0.627	0.873	0.455
3×3	0.080	0.167	0.292	0.458	0.669	0.928	0.548

【例 3-9】　设 2 砖×2 砖的柱高为 4m，大放脚五层，求该砖柱的工程量。

【解】　由表 3-15 查出 2 砖×2 砖五层大放脚体积为 0.34m³；每米柱身体积为 0.2401m³

砖柱体积＝0.34+0.2401×4＝1.3（m³）

5. 空斗墙工程量

空斗墙的工程量按图示尺寸以平方米面积（或立方米体积）计算。应扣除 0.3m² 以上门窗孔洞和嵌入墙身的混凝土构件所占的面积（或体积）部分。但空斗墙中实砌标准砖墙和砖柱应另列项计算工程量，分别执行砖墙与砖柱的相应分项子目。计算公式同标准砖墙身工程量的计算公式。

6. 多孔砖墙、硅酸盐砌块墙工程量

多孔砖、硅酸盐砌块墙的工程量按图示尺寸以平方米面积（或立方米体积）计算。应扣除 0.3m² 以上门窗洞孔和嵌入墙身的混凝土构件所占的面积（或体积）部分。但多孔砖墙中实砌标准砖墙与砖柱，应另列项计算工程量，分别执行砖墙与砖柱的相应分项子目。

7. 地下室墙工程量

地下室墙的工程量按图示尺寸以平方米面积（或立方米体积）计算。地下室砖基础工程量并入地下室墙身的工程量内。并扣除 0.3m² 以上门窗洞孔和嵌入墙身的混凝土构件所占的面积（或体积）部分。

8. 墙身砌体加固钢筋工程量

墙身砌体加固钢筋应根据抗震加固标准图和施工图中规定以吨计算。

（五）装饰工程的工程量计算

装饰工程的工程量计算，多数是直接引用上述墙体工程量或钢筋混凝土构件工程量乘以抹灰面积系数求得，计算工程量较为方便。但其项目繁多，计算工程量极易漏项。为此，计算装饰工程的工程量时，应特别注意列项和计算顺序。

1. 室内墙面装饰

室内装饰工程包括内墙裙及局部特殊装饰，室内整体墙面装饰以及钢筋混凝土构件的装饰等分项工程。它们的工程量计算按以下顺序进行。

（1）内墙裙：

$$内墙裙面积 = 墙裙高 \times 墙裙长 - \sum_{1}^{n} 门窗洞占面积 \tag{3-66}$$

（2）室内局部墙面：

$$\begin{matrix}局部墙面特 \\ 殊装饰面积\end{matrix} = \begin{matrix}装饰部 \\ 位高度\end{matrix} \times \begin{matrix}装饰部 \\ 位长度\end{matrix} - \sum_{1}^{n} 门窗洞占面积 \tag{3-67}$$

（3）室内整体墙面：

$$\begin{matrix}室内整体墙 \\ 面装饰面积\end{matrix} = \begin{matrix}内墙双面 \\ 装饰面积\end{matrix} + \begin{matrix}外墙的内面 \\ 装饰面积\end{matrix} - 内墙裙面积 - \begin{matrix}室内局部 \\ 墙面面积\end{matrix} \tag{3-68}$$

式中

$$\begin{matrix}内墙双面 \\ 装饰面积\end{matrix} = \left[内墙面积 + \frac{\sum_{1}^{n} 嵌入内墙混凝土构件体积}{内墙厚度} \right] \times 2 \tag{3-69}$$

$$\begin{matrix}外墙内面 \\ 装饰面积\end{matrix} = 外墙面积 + \frac{\sum_{1}^{n} 嵌入外墙混凝土构件体积}{外墙厚度} \tag{3-70}$$

内墙及外墙面积在墙体工程中已经算过，嵌入内、外墙的混凝土体积也在混凝土及钢筋混凝土模板工程中算过，均可直接取用，不必再重复计算。

如果设计不要求墙面装饰时，则不必计算以上分项工程量，但必须加列嵌入墙体混凝土构件的水泥砂浆抹灰及抹灰面垛毛两项子目。其工程量计算如下：

$$\begin{matrix}水泥砂浆抹 \\ 零星构件面积\end{matrix} (或垛毛面积) = \frac{\sum_{1}^{n} 嵌入内外墙混凝土构件体积}{墙厚} \times 2 \tag{3-71}$$

以上公式如果墙厚不同时，应分别计算。若外墙面有装饰抹灰或镶贴面砖时，垛毛面

积不变，但室内水泥砂浆抹零星构件工程量改用公式（3-72）

$$水泥砂浆抹\atop零星构件面积 = \frac{\sum_1^n 嵌入内墙混凝土构件体积}{内墙厚} \times 2 + \frac{\sum_1^n 嵌入外墙混凝土构件体积}{外墙厚}$$

(3-72)

混凝土构件抹灰面积工程量表（一）　　　　　　　　　表 3-21

序　号	项　　　　　目	数量（m²）	计算基础
1	独立砖柱（矩形）	11.5	每立方米柱体积
2	独立砖柱（圆形、半圆形、多边形）	8.5	每立方米柱体积
3	独立方整石柱	8.9	每立方米柱体积
4	钢筋混凝土独立柱（矩形、圆形）	9.5	每立方米柱体积
5	钢筋混凝土附墙柱（矩形、圆形）	6.2	每立方米柱体积
6	预制的钢筋混凝土 I 形柱	18.5	每立方米柱体积
7	预制的钢筋混凝土双肢柱	10.7	每立方米柱体积
8	预制的钢筋混凝土空格柱	13.0	每立方米柱体积
9	预制的钢筋混凝土空心柱	13.7	每立方米柱体积
10	预制的钢筋混凝土管柱	16.0	每立方米柱体积
11	现浇钢筋混凝土单梁、框梁	12.0	每立方米梁体积
12	现浇钢筋混凝土异形梁	9.0	每立方米梁体积
13	预制钢筋混凝土矩形梁	12.0	每立方米梁体积
14	预制钢筋混凝土 T 型吊车梁	9.0	每立方米梁体积
15	预制钢筋混凝土异型吊车梁	12.0	每立方米梁体积
16	预制钢筋混凝土鱼腹式吊车梁	11.8	每立方米梁体积
17	预制钢筋混凝土托架梁	12.1	每立方米梁体积
18	预制钢筋混凝土大型屋面板	13.8	板底水平投影面积

（4）室内其他混凝土构件：

室内其他混凝土柱、梁、板等构件均应与室内墙面装饰相同。如果室内墙面不装饰，混凝土构件均应列水泥砂浆抹灰和垛毛分项工程子目。并执行相应的装饰子目，如水泥砂浆抹柱，水泥砂浆抹梁等分项子目。它们的抹灰工程量按表 3-21 中规定计算。

2. 室外装饰

室外装饰包括：外墙裙（又称勒脚），外墙局部装饰，外墙整体墙面装饰，挑檐，阳台，雨篷，窗台，门窗套，窗台线，女儿墙压顶等装饰分项工程。它们的工程量按以下顺序进行。

（1）外墙裙：

$$外墙裙面积 = 外墙裙高度 \times (L_外 - \sum_1^n 门洞宽)$$

(3-73)

（2）外墙局部装饰墙面：

$$外墙局部装\atop饰墙面面积 = 装饰部\atop位长度 \times 装饰部\atop位高度 - \sum_1^n 门窗洞占面积$$

(3-74)

（3）外墙整体墙面：

外墙整体墙面有装饰时，其工程量按式（3-75）计算。

$$\genfrac{}{}{0pt}{}{外墙面装}{饰面积} = L_{外} \times H - \sum_1^n 门窗洞面积 - \genfrac{}{}{0pt}{}{外墙裙}{面积} - \genfrac{}{}{0pt}{}{外墙局部}{装饰面积} \qquad (3-75)$$

式中　$L_{外}$——外墙外边线总长；

　　　H——外墙从室外地坪至外墙顶的高度。

（4）嵌入墙体混凝土构件：

当外墙面设计有装饰时，按上面外墙面装饰面积公式，已综合了嵌入构件的面积，并与墙面执行相同的定额分项子目；若外墙面设计无装饰，则外墙面装饰面积工程量应扣除嵌入墙体内混凝土构件所占面积后，执行外墙面勾凹缝定额子目，嵌入外墙混凝土构件所占面积单独列项执行相应的零星装饰工程分项子目。如水刷石、干粘石或镶贴墙面砖等分项子目。

$$\genfrac{}{}{0pt}{}{嵌入外墙构件}{零星装饰面积} = \frac{\sum_1^n 嵌入外墙混凝土构件体积}{外墙厚度} \qquad (3-76)$$

（5）挑檐：

挑檐装饰工程包括：挑檐底抹灰和挑檐立面装饰工程两部分。

1）挑檐底：

挑檐底抹灰工程量与室内天棚工程量合并执行天棚装饰工程分项子目。其工程量按式（3-77）计算：

$$挑檐底抹灰面积 = L_{外} \times 挑檐宽 + 4 \times 挑檐宽 \times 挑檐宽 \qquad (3-77)$$

挑檐底抹灰工程量也可以按表 3-22 规定系数计算。

混凝土构件抹灰面积工程量表（二）　　　　表 3-22

序　号	项　　　　　目		数量（m²）	计　算　基　础
1	预制钢筋混凝土遮阳板（垂直）		65	每立方米遮阳板体积
2	预制钢筋混凝土遮阳板（水平）		15	
3	预制或现浇钢筋混凝土 挑　檐	立面占 43%	15	每立方米挑檐体积
		底面占 57%		
4	钢筋混凝土空心栏板		3	栏板垂直投影面积
5	钢筋混凝土栏板		1.05	
6	钢筋混凝土槽板、折瓦板		1.3	板底水平投影面积
7	门窗套、窗台、窗台线、压顶		0.07	砖外墙面积

注：①本表只适用于挑出外墙面 1.5m 以内，而且檐高 1m 以内的挑檐。否则按上述公式计算挑檐底抹灰面积。按以下公式计算挑檐立面抹灰面积：

挑檐立面抹灰面积 ＝（$L_{外}$ ＋ 8 × 挑檐宽）× 檐口高度

　②栏板如需要双面抹灰时，按表 3-22 中数量乘以 2，栏板内、外抹灰材料不同时，可分别乘以 1.05 计算；栏板上压顶另列项计算。

　③阳台栏板与阳台分别计算工程量，其分界线以阳台板面以上 18cm 处为界，界线以上为栏板，界线以下并入阳台工程量内。

　④挑檐底面抹灰面积＝挑檐体积×15×57%

2) 挑檐立面

挑檐立面装饰工程量执行零星工程定额子目。其工程量可按表 3-22 规定系数计算

$$挑檐立面装饰面积 = 挑檐体积 \times 15 \times 43\% \tag{3-78}$$

（6）阳台、雨篷：

阳台、雨篷装饰工程的工程量，按图示尺寸以水平投影面积计算。与混凝土及钢筋混凝土工程中阳台与雨篷的模板工程量完全相同，故不必计算，直接引用模板的工程量。分别执行阳台与雨篷的装饰定额子目。

（7）门窗套，窗台，窗台线，压顶：

这些零星分项工程的装饰工程量计算较为复杂，一般均按外墙面积乘以表 3-22 中系数求出。如果设计的建筑构造既有门窗套又有窗台线及窗台时，其工程量系数 0.07 可以叠加计算。即：

$$门窗套、窗台线、窗台装饰总面积 = 外墙面积 \times 0.07 \times 3 \tag{3-79}$$

如果，室内、外窗台装饰材料不同，它们的工程量系数应减半执行。即：

$$室内窗台面积 = 外墙面积 \times 0.035$$

同样，

$$室外窗台面积 = 外墙面积 \times 0.035$$

3. 天棚

天棚抹灰工程量是按主墙间净面积计算的。有楼层的建筑物，天棚抹灰工程量应分层计算各层的主墙间净面积，除最上一层的楼梯间有天棚外，其余各层均应扣除楼梯间的面积（主墙是指墙厚大于 15cm）。

$$天棚抹灰面积 = \sum_{1}^{n} S_i - S_t \tag{3-80}$$

式中　S_i——第 i 层的主墙间净面积；

　　　　主墙间净面积 = 外墙外边线所围的建筑面积 — $(L_中 \times b_外 + L_内 \times b_内)$

　　$b_外$——外墙墙厚；

　　$b_内$——内墙墙厚；

　　n——建筑物的层数；

　　S_t——建筑物现浇楼梯工程量。（即 $(n-1)$ 层楼梯间的水平投影面积）。

按以上公式计算的天棚工程量，不扣除厚度小于 15cm 的间壁墙，柱、垛，附墙烟囱，检查洞以及管道所占的面积。带梁的天棚，应将梁的侧面面积并入天棚工程量内。

4. 预制板底批平（或称勾缝）

当设计规定天棚不抹灰时，则编制预算时应加列预制板底批平分项工程。其工程量与上述天棚工程量计算方法相同。不再赘述。

（六）楼地面工程的工程量计算

楼地面工程一般包括垫层、找平层、防潮层、伸缩缝、整体面层、块料面层、散水、台阶和室内地沟等分项工程。

1. 垫层

地面垫层的工程量应根据不同材料分别以主墙间净面积乘以垫层厚度求得。主墙间净面积可以直接引用底层天棚的工程量，但不扣除楼梯间的面积，应扣除室内地沟，突出地

面的设备基础所占的面积。

2. 找平层

（1）地面找平层的工程量也是按主墙间净面积以平方米（m²）计算。除底层外，其余各楼层均应扣除楼梯间的水平投影面积。

（2）屋面找平层：

屋面找平层的工程量等于屋面（顶层）的建筑面积加上挑檐天沟部分的面积。即

$$屋面找平层面积 = 顶层建筑面积 + L_外 \times 挑檐天沟宽 + 4 \times 天沟宽^2 \qquad (3-81)$$

3. 楼梯

各种面层的楼梯工程量均按楼梯间水平投影面积以平方米（m²）计算，可直接引用现浇混凝土楼梯的模板工程量。执行楼梯面层的相应子目，定额子目内综合了踏步，踢脚线，休息平台及楼梯底抹灰等工程内容，但不包括楼梯底刷白或涂料，编制预算时应另列项。

水磨石楼梯面层定额子目中还包括了双线防滑条工程内容。水泥砂浆楼梯面层设计有防滑条时，应另列防滑条分项子目，并以延长米（m）计算其工程量。

4. 陶瓷锦砖或块料地面

一般建筑设计的厕浴间，洗手间，会议厅及客厅等房间地面，均采用陶瓷锦砖或块料地面面层，其工程量均按房间的净面积以平方米（m²）计算。

5. 地面防潮层

地面防潮层的工程量同地面面层的工程量，可直接引用，不必计算。墙基防潮层有些地区综合在砖基础的分项子目单价内，不另列项计算，如没有综合在砖基础的分项子目中，则可按下式计算基础防潮层的工程量。

$$基础防潮层面积 = 基础长度 \times 基础墙厚 \qquad (3-82)$$

式中　基础长度：外墙按 $L_外$；内墙按 $L_内$。

　　　基础墙厚：按图示尺寸。

6. 伸缩缝（或抗震缝）

伸缩缝（或抗震缝）的工程量按图示尺寸以延长米（m）计算。

7. 整体楼、地面

整体楼面与整体地面的工程量，按主墙间净面积以平方米（m²）计算。与天棚抹灰中的主墙间净面积含义相同，可直接引用。但应扣除楼梯面层、陶瓷锦砖面层以及块料面层所占的面积。所以，整体楼、地面工程量计算的顺序应该是先计算楼梯面层，陶瓷锦砖面层和块料面层的工程量，再计算整体楼面或地面的面层工程量。这样，计算整体楼、地面面层工程量时，只要用天棚抹灰中的主墙间净面积扣减楼梯工程量、陶瓷锦砖及块料面层的工程量，便可迅速求出。即

$$楼、地面面积 = \frac{主墙间}{净面积} - \frac{楼梯间}{面积} - \frac{陶瓷锦砖面}{层的面积}（或块料面层面积）\qquad (3-83)$$

8. 混凝土台阶

混凝土台阶的工程量，按水平投影面积以平方米（m²）计算。最上一层按30cm宽作为台阶，其余部分面积并入底层地面工程量内。如图 3-34 所示。

$$台阶面积 = L \times B \qquad (3-84)$$

式中　L——台阶长；

B——台阶宽。

最上层 $L \times b$ 应并入底层地面面积内。

9. 混凝土散水

混凝土散水工程量应根据外墙外边线总长 $L_{外}$ 及散水宽度按实际面积以平方米（m^2）计算。即：

$$散水面积 = (L_{外} - 台阶长 L) \times 散水宽 + 4 \times 散水宽^2 \tag{3-85}$$

（七）屋面工程的工程量计算

屋面工程包括找平层，保温屋，卷材防水层，铁皮排水等分项工程。屋面找平层的计算工程量方法，已在楼地面工程中介绍过，不再赘述。

1. 屋面保温层

计算屋面保温层工程量前，应先确定保温层的平均厚度（如果设计图上已注明保温层平均厚度，就不用另行计算）。如图 3-35 所示。屋面保温找坡层的坡度设计为 3%，则找坡层平均厚度按式（3-86）确定：

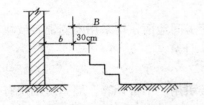

图 3-34 台阶示意图

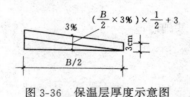

图 3-36 保温层厚度示意图

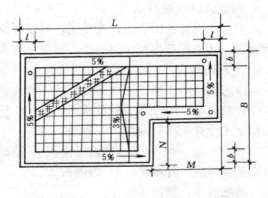

图 3-35 屋面平面图

$$保温找坡层平均厚度 = \left(\frac{B}{2} \times 3\% \right) \times \frac{1}{2} + 3 \ (cm) \tag{3-86}$$

式中 $\dfrac{B}{2} \times 3\%$——坡度最高处的厚度；

　　　　3——最薄处的厚度不得小于 3cm。如图 3-36 所示。

屋面保温找坡层面积 $= L \times B - M \times N$（$m^2$） \hfill (3-87)

式中 B——屋面宽度；

　　　L——屋面长度；

　M，N——图 3-35 中所示应扣部分面积。

2. 卷材防水层

卷材屋面防水层的工程量按屋面水平投影面积以平方米（m^2）计算，宽与长应算至檐口或檐沟边。不扣除上人孔、房上烟囱、竖风道等所占的面积，以上弯起部分的面积也不增加。但因女儿墙、山墙、天沟，檐沟及天窗而引起的弯起部分及弯起部分的附加层与增宽搭接层，可按屋面水平投影面积乘以表 3-23 中的系数计算。同时有两种以上情况时，其表中系数可以相加计算。

卷材屋面弯起项目增加系数　　　　　　　　表 3-23

项　　目	带女儿墙、山墙	天　窗	天沟、檐沟、斜沟
系　　数	1.03	1.10	1.08

【例 3-10】　求图 3-35 所示屋面的卷材防水层工程量。屋面长 $L=16.04$（m），屋面宽 $B=11.04$m，$M=5.4$（m），$N=3$（m）。

【解】　卷材屋面面积 $=(16.04\times11.04-5.4\times3)\times1.08$

$$=173.75（\text{m}^2）$$

如果卷材屋面的坡度大于 1:10 时，卷材屋面水平投影面积乘表 3-24 中的系数计算。

卷材屋面坡度增加系数　　　　　　　　　表 3-24

屋面坡度	1:4	1:5	1:10
系　　数	1.03	1.02	1.004

3. 屋面排水

屋面排水工程量，可根据单体零件的个数和长度计算。对于铁皮排水，还应按表 3-25，3-26 折换成展开面积以平方米（m²）计算。

带铁件铁皮排水单体零件展开面积折算表　　　　　表 3-25

名　　称	单　位	水落管（m）	檐沟（m）	水斗（个）	漏斗（个）	下水口（个）
铁皮排水	m²	0.42	0.49	0.40	0.16	0.45

不带铁件铁皮排水单体零件展开面积折算表　　　　　表 3-26

名　　称	单　位	斜沟、天窗窗台、泛水（m）	天窗侧面泛水（m）	烟囱泛水（m）	通气管泛水（m）	天　沟（m）	滴　水（m）
铁皮排水	m²	0.50	0.70	0.80	0.22	1.3	0.11

【例 3-11】　计算图 3-35 所示屋面的铁皮排水工程量。建筑物天沟面的标高为 16m，室外地坪标高为 -0.3m。$L=16.04$m，$B=11.04$m，$M=5.4$m，$N=3$m。

【解】　水落管三根，每根长 $=16.00+0.3-0.15=16.15$（m）

水落管总长 $=16.15\times3=48.45$（m）

水斗、漏斗、下水口各三个

檐沟泛水长度 $=(16.04+11.04)\times2=54.16$（m）

屋面铁皮排水面积 $=48.45\times0.42+3(0.4+0.16+0.45)+54.16\times0.49$

$$=49.92（\text{m}^2）$$

4. 架空层

屋面架空层的工程量按实铺面积以平方米（m²）计算。如图 3-35 所示屋面若有架空隔热层时，其工程量应按式（3-88）计算：

$$架空层面积 = (L - 2l)(B - 2b) - M \times N \tag{3-88}$$

（八）其他工程的工程量计算

1. 金属结构工程的工程量计算

金属结构包括：钢柱，钢吊车梁，钢屋架，钢墙架，制动梁，防风桁架，檩条，钢支撑，钢拉杆、钢门窗、钢栏杆，钢爬梯以及铝合金门窗等分项工程。各种金属构件的工程量均按图中各种型钢和钢板的几何尺寸以吨计算。不扣除孔眼、切肢、切边的重量。

型钢的重量按图示尺寸以长度计算后乘以型钢的每米重量；钢板重量按图示尺寸以平方米（m²）计算后乘以钢板的每平方米重量。计算多边形钢板时，以其长边为基线，按外接矩形计算。如图3-37 所示。多边形 abcde 钢板，按矩形 ABCD 的面积计算。

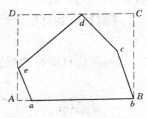

图 3-37　多边形钢板
计算面积示意图

【例 3-12】　如图 3-38 所示钢结构支撑，试计算该支撑的工程量。∟75×5 角钢重量为 5.818kg/m；∟125×80×7 角钢重量为 11.066kg/m；—10mm 厚钢板重量为 78.5kg/m²。

【解】　∟75×5＝5.7×2×5.818＝66.33（kg）

∟125×80×7＝3×11.066＝33.20（kg）

—10 钢板＝（0.45×0.4＋0.6×0.5）×2×78.5＝75.36（kg）

钢结构支撑重量＝66.33＋33.2＋75.36＝174.89（kg）

说明：（1）钢柱：

钢柱的工程量计算时，应包括依附在柱上的钢牛腿及悬臂梁的重量。

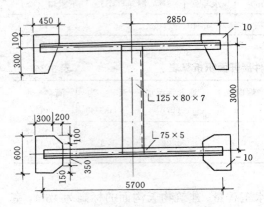

图 3-38　钢构件示意图

（2）钢吊车梁：

钢吊车梁的工程量应包括依附在吊车梁上的连接铁板的重量，但不包括轨道和依附在吊车梁旁的制动板和制动梁的重量。制动板和制动梁应另列项目计算并执行制动梁的分项子目。

（3）钢屋架：

钢屋架的工程量应包括依附在屋架上的檩托的重量，钢屋架每榀重量在500kg 以内者，执行轻型钢屋架的分项子目。

（4）钢托架：

钢托架的工程量应包括依附在托架上的牛腿和悬臂梁的重量。

（5）钢墙架：

钢墙架的工程量应包括墙架柱、墙架梁及联系拉杆的重量。但不包括山墙防风桁架的重量，山墙防风桁架另列项计算，执行防风桁架的分项子目。

（6）钢平台：

钢平台工程量应包括：平台的柱，梁，板，和斜撑等重量。但不包括平台栏杆和扶手的重量，平台栏杆和扶手另列项计算，执行钢栏杆分项子目。

（7）钢扶梯：

钢扶梯工程量应包括：梯梁、踏步和依附在扶梯上的栏杆和扶手的重量。

（8）铁窗栅：

底层门窗铁窗栅的工程量按门窗洞口面积以平方米（m²）计算。

（9）钢门窗：

钢门窗工程量按门窗洞口面积除以 1.03 系数以平方米（m²）计算。

（10）铝合金门窗：

铝合金门窗的工程量按门窗洞口面积以平方米（m²）计算。

2. 木作工程的工程量计算

木作工程包括：木门窗，木装修，木间壁墙，天棚吊顶，木地板和木扶手等分项工程。各种木作工程的工程量计算按以下方法进行。

（1）木门窗：

木门窗的工程量直接利用基数中门窗表中的洞口面积除以 1.03 系数以平方米（m²）计算。

（2）木装修：

木装修工程包括：木窗台板，窗帘盒，窗帘棍，门窗贴脸，盖口条，暖气罩及厨房吊柜等分项工程。

1）木窗台板、筒子板：

木窗台板、筒子板的工程量，按图示尺寸以平方米（m²）计算。

2）窗帘盒、窗帘棍、门窗贴脸以及盖口条的工程量均按图示尺寸以延长米（m）计算。

3）暖气罩的工程量按其边框外围垂直投影面积以平方米（m²）计算。

4）厨房吊柜的工程量按其正面垂直投影面积以平方米（m²）计算。

5）其他木装修的工程量均按其竣工木料体积以立方米（m³）计算。

（3）木间壁墙：

木间壁墙的工程量，按其实际面积以平方米（m²）计算。不扣除 0.3m² 以内的门窗洞孔的面积。其高度按墙的实际高度，其长度按净长计算。

（4）天棚吊顶：

天棚吊顶工程量按吊顶房间的净面积以平方米（m²）计算，不扣除间壁墙、检查洞和穿过天棚的柱、垛和附墙烟囱所占的面积。

（5）木地板：

木地板的工程量按铺设木地板房间的净面积以平方米（m²）计算。不扣除间壁墙、穿过木地板的柱、垛及附墙烟囱所占的面积。但门和空圈开口部分的面积也不增加。

（6）木扶手：

木扶手的工程量按楼梯水平投影面积以平方米（m²）计算。可直接引用现浇楼梯的工程量。

3. 架子工程的工程量计算

脚手架是施工中必不可少的工程项目，供工人操作、堆置和运输材料的设施。脚手架所用的材料绝大部分均为周转材料，编制施工图预算时，脚手架费用大致有以下几种，根据具体设计选用。

（1）建筑综合脚手架：

建筑综合脚手架是指砌墙或浇筑墙体的外脚手架，其工程量按建筑面积以平方米（m²）计算。多层建筑物的综合脚手架，按建筑物结构类型和层高不同分别取费；单层建筑物不分结构类型按檐高在 4.5m 以内和檐高在 4.5m 至 8m 以内，以及 8m 以上分别取费。8m 以上每超高 1m 再计算一个增加层。超过高度不足 0.6m 者，省去不计；超高 0.6m，小于 1m 者，按一个增高层计算。

【例 3-13】 某单层工业厂房檐高为 14.6m，每平方米脚手架应计算几个增加层的费用。

【解】 每平方米脚手架应取一个 4.5m 至 8m 以内的脚手架基本层费用再加上（14.6－8）＝6.6m，按七个增加层的费用。

（2）满堂脚手架：

凡建筑物室内高度大于 3.6m，天棚需要抹灰或吊顶者，应计算满堂脚手架费用。其工程量按室内主墙间净面积以平方米（m²）计算。当高度超过 5.2m 时，应计算满堂脚手架增高层费用。增高层的高度为 1.2m，凡超过 0.6m 者按一个增高层计算；不足 0.6m 者省去不计。

凡计算满堂脚手架的房间，墙面的抹灰脚手架就不再计取。

当建筑物室内高度虽超过 3.6m，但天棚不需要抹灰或装饰吊顶者，不计取满堂脚手架费用。屋面板底批平、勾缝、喷浆和屋架油漆等，架子费另按规定计取。陕西省 93 综合预算定额规定每 1000m² 面积取 104 元。此时室内墙面抹灰脚手架另套其他脚手架分项子目。

（3）其他脚手架：

其他脚手架包括：外墙里架子和内墙里架子，挑架，悬空架等。当不能按结构套用砌筑脚手架时，或是室内层高超过 3.6m，天棚不抹灰（或吊顶），不能套用满堂脚手架时，内墙面及外墙内面需要抹灰或其他装饰时，可分别按内墙里架子和外墙里架子工程计算脚手架工程费用。其工程量按以下规定计算：

1）外墙里架子，按外墙垂直投影面积以平方米（m²）计算。不扣除门窗洞口的面积；

2）内墙里架子，按内墙的垂直投影面积以平方米（m²）计算。不扣除门窗洞口的面积；

3）独立柱脚手架，以柱断面周长加 3.6m 乘以柱高以平方米（m²）计算。柱高≤3.6m 时，执行内墙里架子分项子目；柱高＞3.6m 时，执行单排外脚手架分项子目；

4）围墙脚手架，按围墙垂直投影面积计算。执行内墙里架子分项子目。

5）挑脚手架，按延长米（m）计算；

6）悬空脚手架，按外墙垂直投影面积以平方米（m²）计算，不扣除门窗洞口所占的面积。

4. 垂直运输费用项目的工程量计算

垂直运输费用项目，是按照建筑物高度分别计取的。

（1）凡建筑物高度在 16m 以内的多层结构，垂直运输费用均已综合在各定额的分项子目的机械费用中，不再另行列项计取垂直运输费。

（2）凡建筑物高度大于 16m，但小于 20m 的多层结构，编制施工图预算时，应计取塔吊增加费，计费的工程量按建筑工程的建筑面积以平方米（m²）计算。建筑物高度是从室外地坪标高为准算起。

（3）凡建筑物高度大于 20m 的多层结构，均应计取超高费。超高费的计取方法有两种：

1）按全部建筑面积计取超高费。不再计取塔吊增加费；

2）按20m以上的建筑面积计取超高费，同时再计取20m以内的塔吊增加费。如果20m的位置正好在自然层时，该层以上的建筑面积便是计取超高费的工程量；如果20m位置在某一楼层的中间，则该楼层建筑面积乘以0.7系数后并入该楼层以上各层建筑面积总量中。便是计取超高费的工程量。

四、土建单位工程预算书的编制

（一）填写工程量汇总表

根据设计施工图及有关标准图，按本地区的现行定额规定，科学地计算顺序，完成了单位工程各分项工程的工程量计算任务后，应按照定额顺序将各分部分项工程中相同定额子目的工程量合并，整理填入工程量汇总表内。如表3-27所示。

工程量汇总表 表3-27

序 号	项 目 名 称	单 位	数 量	部 位		

日期：_____　编制人：_____

填写工程量汇总表，应按照土石方工程，桩基工程，砖石工程，混凝土及钢筋混凝土工程，金属构件工程，混凝土构件与金属构件的运输与安装，木作工程，楼地面工程，屋面工程，装饰工程及其他工程和费用等顺序排列，并按部位（或分层）整理汇总。

工程量计算书底稿及工程量汇总表均需填写清楚，装订成册，妥善保管，以便施工中或工程结算过程中，处理问题查找数据用。此外，安排月度计划、统计月度完成工程量以及编制加工订货计划等，都需要从工程量计算底稿和汇总表中提供分层（或分段）的有关工程量数据。

（二）填写工程预算书

根据已汇总好的工程量汇总表3-27及本地区现行预算定额填写建筑工程预算书。工程预算书的内容如表3-28所示。

工程名称：_____　　　　**分部分项工程预算书**　　　　表3-28

定额号	分部分项工程名称	单位	数量	单价（元）	其中：			合价（元）	其中：		
					人工费	材料费	机械费		人工费	材料费	机械费

具体填写顺序如下:

(1) 填写工程名称。××办公楼或××宿舍等;

(2) 填写分部分项工程名称。按定额顺序和定额的分项工程名称填写,同时写上定额号和计量单位;

(3) 填写工程量。按照工程量汇总表及现行定额的计量单位,将各分项工程的工程量扩大成相应子目的计量单位。如"100m²""10m³"等并分别填入预算书的工程量和计量单位的栏目中。

(4) 填写预算单价。按照各分项工程定额单价,其中人工费、材料费和机械费填入预算书的相应栏目中。需要换算定额单价的子目,换算后再填入;需要做补充定额的子目,做完补充定额单价后再填入。同时在定额号栏目中添加"换"字或"补"字。

(5) 计算预算书中各项费用。将填好的预算书,利用计算器连乘的方法,迅速计算出各分项子目的项目直接费(即合价)、人工费、材料费和机械费。

(三) 填写材料分析表

随着市场经济的深入发展,人工、材料和机械费用的浮动很大,按预算定额单价计算出人工费、材料费、机械费和项目直接费与建筑产品的实际价值差距甚大,各地区主管部门,均实行不定期的动态管理,及时调整在这方面的差价。对于人工费、机械费以及地方材料方面的差价,多采用动态调价系数综合调整;对于市场采购材料,均实行单独调整差额,称做单调价差。为了计算单调价差,编制施工图预算时就必须对单位工程的主要材料进行分析,求出它们的消耗数量。材料分析表如表 3-29 所示。

预算材料分析表   表 3-29

定额号	分项名称	单 位	材料 单位 用量 工程量						
			定额量						
			预算用量						
			定额量						
			预算用量						
			定额量						
			预算用量						

市场采购材料一般是指:水泥,钢材,木材,沥青,玻璃,油毡,轻钢龙骨吊顶,钢门窗,铝合金门窗,瓷砖,马赛克(或称陶瓷锦砖)墙或地面砖,大理石,壁纸,软包布或绒等。表 3-29 各材料栏中分子填一定计量单位的定额用量,分母填分项工程的总用量。

分项工程的总用量=分项工程的工程量×定额用量

为了加快运算速度,材料分析表的填写方法应该是先按预算书中的定额号、分项工程名称、计量单位及工程量,逐一抄写在材料分析表的相应栏目内。填写预算书的定额单价的同时，填写材料分析表中相应分项工程的各种材料的定额用量。待预算书中各项费用计算完毕之后，就可再运用计算器连乘的方法计算材料分析表中各种材料的预算用量。

（四）计算材料价差

有了材料分析表，就能够计算出单位工程各种材料的总用量。由此便能对其中的市场采购材料逐一的进行差价计算。称单调价差。

【例3-14】　某单位工程需用325号水泥2.3t，现行定额中325号水泥的预算价格为0.25元/kg，而目前市场供应325号水泥价格为0.35元/kg，问325号水泥的价差为多少？

【解】　325号水泥价差＝（0.35－0.25）×23×1000＝2300元

其他市材均按此例的方法进行计算。唯有木材价差计算较为复杂。应先将定额规格料的消耗量换算成原木的消耗量，再将定额规格料的预算价格换算成原木的预算价格。最后，才能计算木材的价差。折算系数可按表3-30计算。

木材用量及单价换算表　　　　　　　　　　　　　　　　　　　　　表3-30

名　　称			数量换算系数	预算单价换算系数
计　算　基　础			定额的规格料量	定额的规格料预算价
红白松 （进口松）	门　窗	原木	2	0.497
		制材	1.799	0.532
		成材	1.340	0.723
	模　板	原木	1.350	0.712
		制材	1.250	0.766
		成材	1.000	1.000
南方材	门　窗	原木	3.000	0.464
		制材	2.160	0.499
		成材	1.621	0.690
	模　板	原木	1.429	0.666
		制材	1.250	0.766
		成材	1.000	1.000

【例3-15】　某工程项目木模板规格料用量为10m³，门窗规格料用量为15m³，现行定额的预算价格分别为700.03元/m³和1003.72元/m³，而市场供应原木的价格为1200元/m³，材种为南方材。试计算该工程木材价差。

【解】　木模板价差＝（1200－700.03×0.666）×10×1.429＝10485.72元

门窗料价差＝（1200－1003.72×0.464）×15×3＝33042.33元

该工程木材差价＝10485.72＋33042.33＝43528.05元

对于市场材料以外的其他材料，由于品种繁多，无法一一计算，各地区主管部门每年定期公布动态调价系数，对地方材料及其他材料进行综合性调整。为此，编制预算的工作人员应与当地定额办公室保持密切联系，以便及时掌握动态管理的信息。

（五）填写分部工程直接费汇总表

按照预算书的各分项工程项目直接费，汇总各分部工程项目直接费填入分部工程直接费表格中，如表3-31所示。

单位工程名称_____　　　　　　　　　**分部工程直接费汇总表**　　　　　　　　**表 3-31**

分部工程名称	项目直接费（元）	其中：		
		人工费	材料费	机械费
一、土石方工程 二、桩基工程 三、砖石工程 ⋮ ⋮ ⋮				
合　　　计				

（六）计算单位工程造价和技术经济指标

由分部工程直接费汇总表的合计栏目中求出了单位工程的项目直接费。以项目直接费为基础按以下程序计算单位工程造价和技术经济指标。

1. 计算定额直接费

现行定额使用一段时间后，由于定额单价不能与人工、材料、机械台班费用同步浮动，使建筑产品的价格失真，为适应建筑企业管理体制的改革和价格体系调整的需要，各地区主管部门应根据国家物价管理部门批准的材料价格、机械出厂价格以及其他政策性价格和工资的调整，综合确定不同季度的调价系数。一般规定人工费、机械费的调价可以计取其他直接费、间接费、利润和税金。为此，调整了人工费和机械费以后的项目直接费称做定额直接费。即：

$$单位工程定额直接费 = 单位工程项目直接费(1 + 人工费,机械费调价系数)$$

（3-89）

由于材料费用的调价不能计取其他直接费、间接费、利润，只能按照主管部门颁发的动态调价系数调整后与市场材料单调价差一并进入单位工程预算造价的价差费用内。

2. 计算其他直接费

$$单位工程其他直接费 = 定额直接费 × 其他直接费率$$　　　（3-90）

式中：其他直接费率根据现行间接费定额的取费标准计取。

3. 计算单位工程的预算直接费

$$单位工程预算直接费 = 定额直接费 + 其他直接费$$　　　（3-91）

4. 计算施工管理费

$$施工管理费 = 单位工程预算直接费 × 施工管理费率$$　　　（3-92）

式中：施工管理费率应按照企业的性质和所承担工程的类别计取。企业性质不同，计取的费率不同；工程类别不同，计取的费率也不同。编制施工图预算时，应首先确定拟编工程的类别，再按照企业的性质正确选定施工管理费费率。

企业的性质分省国营施工企业、市国营施工企业、市集体施工企业、县国营和县集体施工企业以及县以下农村建筑队等。县以上施工企业的施工管理费率按工程类别计取，县以下农村建筑队的施工管理费率不按工程类别计取，而且费率比较低。

工程类别的划分，与工程规模和总高度有关，可划分为四类，如表 3-32 所示。

项 目			一 类	二 类	三 类	四 类
工业建筑	单层	檐口高度 (m)	≥24	≥12	≥9	<9
		跨度 (m)	≥36	≥18	≥12	<12
		其 他	锅炉房单机蒸发量>20000kg,总蒸发量>50000kg。	锯齿形屋架厂房		
	多层	檐口高度 (m)	≥27	≥15	≥9	<9
		建筑面积 (m²)	≥6000	≥4000	≥1200	<1200
		其 他	有声、光、超净、无菌要求			
民用建筑	住宅	檐口高度 (m)	≥27	≥16	≥12	<12
		层数 (层)	≥10	≥6	≥3	<3
		建筑面积 (m²)	≥7000	≥3000	≥1000	<1000
	其他民用建筑	檐口高度 (m)	≥30	≥18	≥12	<12
		跨度 (m)	≥36	≥18	≥12	<12
		建筑面积 (m²)	≥8000	≥3000	≥1000	<1000
		其 他	地下或多层停车场、单独地下商场			

5. 计算临时设施费

$$临时设施费 = 预算直接费 \times 临时设施费率 \qquad (3-93)$$

式中临时设施费率一般为 1.73%～2%。

6. 计算远地施工增加费

$$远地施工增加费 = 预算直接费 \times 远征费率 \qquad (3-94)$$

式中远征费率包括两个方面的内容。

(1)施工队伍远离基地 25km 以外承接工程时,职工旅差费及职工生活用车增加费的费率一般为 1.07%。

(2)施工队伍远离基地 25km 以外承接工程时,小型机具迁移费(大中型机械迁移费按机械场外运输费或进出场费列项计取)。小型机具迁移费的费率一般为 0.78%。

当施工队伍第一次迁移至 25km 以外某地区施工时,其远征费率取上述两项费率之和。即:1.07%+0.78%=1.85%;当施工队继续在该地承接任务时,从承接第二项任务开始其远征费只有职工旅差费与生活用车增加费,不再计取小型机具迁移费。故其远征费率为 1.07%。

7. 计算劳动保险基金

$$劳动保险基金 = (预算直接费 + 间接费) \times 劳保基金费率 \qquad (3-95)$$

式中,劳动保险基金费率按照企业性质计取。县以下农村建筑队及个体企业不能计取此项费用。

8. 计算贷款利息

$$贷款利息 = (预算直接费 + 间接费) \times 贷款利率 \qquad (3-96)$$

式中 贷款利率根据以下三种情况分别计取。

（1）甲方提供备料款；

（2）甲方提供三材（水泥、钢材与木材）；

（3）全部材料由乙方提供（包工包料）。

甲方提供备料款时，贷款利率最低；包工包料时，贷款利率最高。

9. 计算技术装备费

$$技术装备费 = （预算直接费 + 间接费）\times 技术装备费率 \tag{3-97}$$

式中：技术装备费率与企业性质及贷款种类有关。编制预算时，应根据企业性质和贷款种类选用。

10. 计算计划利润

$$计划利润 = （预算直接费 + 间接费）\times 利润率 \tag{3-98}$$

式中：利润率与企业性质及贷款种类有关。编制预算时，应根据企业性质和贷款种类选用。

以上劳动保险基金、贷款利息、技术装备费和计划利润的取费基础均按预算直接费与间接费之和计算的。有些地区，为了简化计算，用提高上述费用费率的方法把取费基础均改为预算直接费。

11. 计算税金

$$税金 = （不含税造价 - 专用基金）\times 税率 \tag{3-99}$$

式中　不含税造价＝预算直接费＋间接费＋劳动保险基金＋贷款利息＋

$$技术装备费＋计划利润＋价差 \tag{3-100}$$

$$专用基金＝临时设施费＋劳动保险基金＋技术装备费$$

$$间接费＝施工管理费＋临时设施费＋远地施工增加费$$

价差：有以下三种：

（1）地方材料及其他材料价差＝项目直接费×动态调价系数；

（2）市场采购材料价差＝（市场价格－预算价格）×定额用量；

（3）项目价差：

1）预制构件蒸气养护费；

2）外购土方费；

3）大型机械 25km 以上场外运输费；

4）外购金属品及其他成品等。

12. 计算单位工程预算造价

单位工程预算造价＝预算直接费＋间接费＋劳动保险基金＋贷款利息＋

技术装备费＋计划利润＋价差＋税金＋产品构件增值税

$$\tag{3-101}$$

式中　产品构件增值税＝$\sum$（产品构件项目直接费×相应地增值税税率）

增值税税率按本地区主管部门规定的税率计取。

13. 计算技术经济指标

技术经济指标是指建筑单位工程的每平方米造价。即

$$单位工程每平方米造价 = \frac{建筑单位工程预算造价}{建筑面积}（元／m^2） \tag{3-102}$$

（七）编写单位工程施工图预算的编制说明。

单位工程施工图预算编制完成后，应编写编制说明，说明单位工程概况；编制依据；总造价及单位平方米造价；主要资源需要量及市场价格以及有关问题的说明。

（八）填写单位工程施工图预算书的封面

单位工程施工图预算书的封面如下：

建 筑 工 程 预 算 书

工程名称：_____

建筑面积：_____

结构类型：_____

工程造价：_____

经济指标：_____

编 制 者：_____

岗位证号：_____

建设单位：_____ 施工单位：_____

_____年_____月_____日

第五节 安装工程概预算的编制

本节安装工程概预算编制，主要阐述室内采暖工程、给排水及电气照明等单位安装工程的概预算编制方法；对庭院给排水工程、采暖热源及煤气管道等室外工程的概算造价估算亦作简单介绍。

一、安装工程概预算的编制方法

编制安装工程概预算，确定工程造价，控制单位安装工程投资，同建筑工程概预算造价的编制一样，应按一定的科学方法、程序和步骤进行。也须使用相应文件、资料和有关定额。对于建筑安装工程概算编制有关理论问题，本章第一节已作了阐述，因此，仅以室内给排水、采暖、通风空调工程以及室外工程的概算数据与实例，来说明单位安装工程的概算编制方法。

（一）安装工程概算造价参考数据及其应用举例

建筑安装工程费用，在不同地区，由于地区间的人工费、材料费、机械台班费等价格不同，所以其概算造价也不相同。在单位工程概算造价的计算中，对于各地区的工程造价概算额，应当使用当地的统计资料进行计算。下面以某市的几个典型单位工程为例，介绍安装工程的估算指标及其使用方法（按1993年预算定额和取费标准执行）。

1. 室内给排水工程

（1）比例法估算：在能够确定室内卫生设备、消防设备的数量、型号和规格的情况下，直接套用相应的定额单价，计算出直接工程费、间接费、计划利润和税金，然后进行这部分的造价合计，其余按合计出的造价的25%～35%计算，然后相加，所得即为大致的概算造价。

（2）单位面积指标估算：是通过建筑物的建筑面积与单位面积指标相乘而得出概算造价。例如，对于有消防要求的一般民用居住建筑，且其消防系统为独立的给水管道系统，则室内给排水工程的单位面积指标约为每平方米 35～40 元，因而此类型建筑物的概算造价，即为该建筑物的建筑面积乘以单位面积指标（35～40 元/m²）。

2. 室内采暖工程

（1）耗热量指标估算：所谓耗热量指标，是指在热水供暖工程中，其供回水温度、室内供暖温度一定的情况下，建筑物每瓦的概算经济指标，单位为元/W（元/瓦）。

1）对于一般的低温热水供暖系统，当供回水温度为 95/70℃，室内供暖温度为 18℃ 时，其耗热量指标为 0.30～0.35 元/W。

2）对于城市集中供暖，当供回水温度为 85/60℃ 时，其耗热量指标为 0.40～0.45 元/W。

使用耗热量指标估算室内供暖工程概算造价，则需确定该建筑物的供暖总耗热量(W)，而建筑物的供暖总耗热量(W)可按建筑物的总设计建筑面积乘以单位采暖面积的热负荷指标概算值，不同建筑物的单位采暖面积的热负荷指标概算值见表 3-33。

一些民用建筑物单位供暖面积热指标概算值   表 3-33

建 筑 物 类 型	供暖面积热指标（q_f）	
	W/m²	kcal/m²·h
住宅	47～70	40～60
办公楼、学校	58～81	50～70
医院、幼儿院	64～81	55～70
旅馆	58～70	50～60
图书馆	47～76	40～65
商店	64～87	55～75
单层住宅	81～105	70～90
食堂、餐厅	116～140	100～120
影剧院	93～116	80～100
大礼堂、体育馆	116～163	100～140

注：①总建筑面积大、外围护结构热工性能好、窗户面积小，采用下限值，反之则采用上限值。
②本表摘自《暖通与空调常用数据手册》。

显然，用耗热量指标估算室内供暖工程概算造价的计算公式为：

$$供暖工程概算造价 = 耗热量指标 \times q_f \times 建筑面积$$

【例 3-16】　某地区某砖混结构办公楼，建筑面积为 5000m²，窗户面积较大，热水供暖，其供回水温度为 95/70℃，室内供暖温度为 18℃，试按耗热量指标估算该办公楼供暖工程概算造价。

【解】　耗热量指标取 0.31 元/W。

由于窗户面积较大，故查表 3-33，供暖面积热负荷概算值 q_f 取大值 $q_f = 81W/m²$

故该楼供暖工程概算造价 = $0.31 \times 81 \times 5000 = 125550$ 元

每 m² 概算单价为 $0.31 \times 81 = 25.11$ 元（符合该地区当时采暖工程的实际单位面积造价）

（2）散热器指标估算：是按散热器造价占室内供暖工程概算总造价的百分比指标，来确定供暖工程概算总造价，该造价百分比指标一般约为 55%～65%。

用散热器指标估算室内供暖工程概算造价，则需确定散热器的数量及每片散热器安装概算单价。散热器的数量可在建筑物总耗热量计算的基础上（根据建筑物的类型，由表3-33查供暖面积热指标 q_f，再乘以建筑面积），由表3-34确定每片散热器的散热量，则散热器数量的计算公式为：

$$散热器数量 = \frac{建筑物耗热量}{每片散热器的散热量}$$

常用散热器概算时的每片散热量　　　　　　　　　　表 3-34

序号	散热器型号、规格	每 片 散 热 量	
		W	kcal/h
1	铸铁四柱813	142	122
2	M-132	124	107
3	圆翼型 ϕ80	541	465
4	钢四柱 700×160	116	100
5	钢三柱 640（600）×120	86	74
6	钢中闭式 150×80	795	684
7	钢大闭式 240×100	1121	964
8	钢双排中闭式（折边钢串片）300×80	1525	1311
9	钢双排大闭式（折边钢串片）480×100	1992	1713
10	钢壁式Ⅱ型、单板、无对流580	880	757
11	钢壁式Ⅱ型、双板、无对流580	1454	1250
12	钢闭式Ⅰ型、单板、416	598	514
13	钢闭式Ⅰ型、双板、416	1032	887
14	钢闭式Ⅰ型、单板、520	688	592
15	钢闭式Ⅰ型、双板、520	1190	1023

注：①每片规格有不同长度者均以1m为准。

②每片散热量以供回水温度为95/70℃，室内供暖温度为18℃的低温热水采暖计。

每片散热器的概算单价可查当地的概算定额或套用预算定额（价目表）计算，包括散热器除锈、刷油、安装、取费等全部费用。

【例3-17】　同例3-16，已确定该工程采用铸铁四柱813型散热器，铸铁四柱813型散热器当时的概算单价为24.20元/片（已包括除锈、刷油、安装及取费全部费用）。试用散热器估算指标确定该办公楼室内供暖工程概算造价。

【解】　由表3-33查得，办公楼的供暖面积热负荷概算值 $q_f = 81W/m^2$

则　　　　　　　　　　建筑物耗热量 $= 81 \times 5000 = 405000W$

由表3-34查得，铸铁四柱813型散热器每片的散热量为142W/片

$$所需散热器的数量 = \frac{405000}{142} = 2852（片）$$

∴散热器概算造价 $= 24.20 \times 2852 = 69018.40$ 元

又散热器概算造价占室内供暖工程概算造价的百分数约为55%

∴供暖工程概算造价 $= 69018.40 \div 55\% = 125488.00$ 元

$$每\ m^2\ 概算单价=125488.00\div5000=25.10\ 元$$

（采用耗热量指标估算为 25.11 元/m^2）

两种方法相比，每 m^2 概算单价误差为 0.4%

3. 通风空调工程

对于常用的民用建筑通风空调工程，在编制工程概算造价时，主要是编制空气调节工程的概算造价。而空调工程概算一般分为集中空调工程和非集中空调工程概算两类。

(1) 集中空调工程概算造价的编制：可采用集中空调工程经济参考指标。编制的具体方法和步骤如下：

1) 根据建筑物类别，按表 3-35 查出每平方米建筑面积的冷负荷估算指标，用冷负荷估算指标乘以建筑面积即可确定集中空调工程总冷负荷量（当空调系统既供冷又供热时，以供冷指标为准）。

单 位 建 筑 面 积 冷 负 荷 估 算 指 标 　　　　　　　表 3-35

序号	建筑物类别	单位建筑面积冷负荷		备　　注
		W/m^2	kcal/m^2·h	
1	旅　　馆	70～81	60～70	中外合资旅游宾馆目前一般提高到 105～116W/m^2
2	办公楼	84～98	72～84	即（90～100kcal/m^2·h）
3	图书馆	35～41	30～35	
4	商　　店	56～65	48～56	只营业厅空调
5	商　　店	105～122	90～105	全部空调
6	体育馆	209～244	180～210	按比赛面积计算
7	体育馆	105～122	90～105	按总建筑面积计算
8	影剧院	84～98	72～98	电影厅空调
9	大剧院	105～130	90～112	
10	医　　院	56～81	48～70	

注：①建筑面积小于 5000m^2 时，取上限值；大于 10000m^2 时，取下限值。

②按上述指标确定的冷负荷，即是制冷机的容量，不必再乘系数。

③博物馆可参考图书馆；展览馆可参考商店；其它建筑可参考相近类别的建筑。

④本表整理自《民用建筑采暖通风设计技术措施》。

2) 根据建筑物集中空调工程估算总冷负荷量，可参考表 3-36 的"元/W 经济指标"，即可估算出建筑物集中空调工程的概算总造价。

【例 3-18】　某 300 间客房的合资旅游饭店，其集中空调工程总冷负荷的建筑面积为 20000m^2，试估算该饭店的集中空调工程概算造价。

【解】　计算总冷负荷量，先由表 3-35 查得中外合资旅游饭店的单位面积冷负荷估算指标为 105W/m^2

$$总冷负荷量=105W/m^2\times20000m^2=210\ 万\ W$$

根据冷负荷量可按表 3-36 套用 100 万 W 以上的经济指标，取 2.1 元/W 计算

$$集中空调工程概算造价=2.1\ 元/W\times210\ 万\ W=441\ 万元$$

$$每平方米造价=441\ 万元\div2\ 万\ m^2=220.5\ 元/m^2$$

（符合一般相应工程当时的每平方米概算指标造价）。

集中空调通风工程经济参考指标

表 3-36

序号	总冷负荷 （W）	经济指标 （元/W）	其中部分所占百分比（%）			
			机房部分	风机盘管部分	新风空调部分	冷却塔部分
一	高级饭店、研究、实验楼等					
1	5 万以下	3.1～3.5	41～45	28～32	18～22	6～8
2	5～10 万	2.7～3.0	35～39	34～38	17～21	7～9
3	10～20 万	2.4～2.8	31～35	36～40	19～23	7～9
4	30～40 万	2.1～2.5	26～30	40～44	21～25	6～8
5	50～60 万	2.1～2.4	22～26	42～46	23～27	6～8
6	100 万以内	1.9～2.3	20～24	46～50	19～23	8～10
7	100 万以上	1.7～2.1	18～22	48～52	21～25	6～8
二	高级影剧院、会堂等					
1	10～20 万	1.9～2.3	39～43		46～50	10～12
2	30～40 万	1.5～1.9	37～41		50～54	8～10
3	50～60 万	1.7～2.1	35～39		51～55	9～11
4	100 万以内	1.5～1.8	36～40		49～54	10～12

如果机房不设在同一建筑物内，而另设独立机房时，则应将这部分的概算总造价按表 3-36"其中所占百分比"，列入机房的有关单位工程概算造价内，以符合设计项目及其单位工程概算造价的划分要求。

（2）非集中空调工程概算造价的编制：对于非集中空调工程，由于空调设备价值在工程概算总造价中所占的百分比，比集中空调工程的大，加之所采用的设备型号、规格各异，因此，一般应按设计方案所提出的设备型号、规格，逐台计算出设备原价，再按有关费率，计算运杂费、安装及调试费。如果为进口设备，还需计算海运、关税等从属费用。但是，非集中空调工程的总概算造价应低于相应的集中空调工程的概算总造价。

4. 室外工程

室外工程包括庭院给排水管道、供暖管道、煤气管道、管沟等工程，室外工程概算造价的编制可按以下指标估算：

（1）一般民用建设项目，占全部单项工程概算造价之和的 5%～10%（如占地面积小或者包括上述内容少者可取下限值）。

（2）占地面积很大的小区住宅、综合大楼等整体民用建设项目，可取 12%～15%。

（3）高级宾馆、写字楼等标准高、投资大，而占地面积不大的为 2%～5%。

（二）安装工程施工图预算编制步骤

施工图预算是用来确定单位安装工程费用的文件。它是以施工图纸为依据，根据全国统一安装工程预算定额，各地区价目表（或单位估价表）、费用定额、材料价格和工程造价动态管理等文件编制的。安装工程施工图预算，即为对单位安装工程编制的工程预算。

安装工程预算的编制依据可参见本章第二节。在编制安装工程预算时，应按照如下步骤和方法进行。

汇集所需的文件资料→熟悉施工图纸→确定分项工程划分→计算工程量→选套定额确定直接费→按程序取费计算造价→编制工程预算说明书。

现将各有关内容具体介绍如下：

1. 汇集所需的文件资料

编制安装工程预算所需的文件资料主要有：

(1) 施工图纸：

施工图纸包括标准图和说明书，是编制安装工程预算最主要的文件资料之一。为了保证工程预算造价的准确性，施工图纸必须齐全，全套图纸应经过建设、设计、施工单位三方会审，并整理形成会审纪要，其会审纪要也是编制工程预算的主要文件资料。

(2) 现行定额、地区价目表以及地区材料预算价格或材料市场价格信息：

现行全国统一安装工程预算定额及各地区价目表是编制工程预算的基础资料。在编制安装工程预算时，无论是划分工程项目，还是计算工程量，都必须以预算定额的项目划分和工程量计算规则作为标准和依据；地区价目表是预算定额在该地区的具体表现形式，也是该地区编制工程预算最直接的资料，根据它可以直接查得某一分项工程一定计量单位的工程预算单价和所需人工、材料和机械台班费用；而现行的统一预算定额则标明了所需的人工、材料和机械台班数量和费用。换言之，地区价目表的定额子目说明不如全国统一安装工程预算定额中的说明详细，因此有了预算定额就便于对照。

工程中主要消耗材料要根据各地区的材料市场价格确定其价值，若使用的是材料预算价格，则主材费在编制时应计取价差。

(3) 施工组织设计或施工方案：

施工组织设计或施工方案是根据单位安装工程内容和施工现场的具体情况编制的。它规定的施工方法，部件、管件、构件的加工方法，材料的堆放地点，大型设备或管道的运输吊装及就位和焊接方式以及特殊工种、特殊安装工艺的技术措施和安全质量保障措施等，都会直接影响到计算工程量、选套预算定额单价和计算有关费用等。

(4) 费用定额：

各省、自治区、直辖市结合本地区经济发展水平、价格政策及施工企业实际状况编制的安装工程费用定额中，规定了其它直接费、现场经费、间接费及计划利润等独立收取的费用，不同地区其收费标准也有不同的规定。因此，应该注意本地区费用定额的使用说明和调价文件的搜集，使工程造价动态管理能及时、准确地贯彻到新建、改建、扩建的在建项目中。

(5) 其它有关文件资料：

全国统一安装工程预算定额解释汇编及汇编（续）、工程量计算规则，是编制工程预算正确执行、套用定额和计算工程量的依据；载有各种常用数据、计算公式、各种钢板、型钢和管件重量等资料的预算工作手册，可供计算工程量时进行各类计量单位和数据的换算；了解工程承包合同中的某些条款，如远地施工增加费发生时，甲、乙双方协商的计费标准，对其它直接费、现场经费、间接费及计划利润上、下限幅度浮动范围的规定，材料供应方式，施工工期，质量等级要求，结算方法等内容，从而使预算的各类取费计价更加合理可行。

2. 熟悉施工图纸

室内采暖、给排水、煤气工程均属于管道安装工程。管道安装工程施工图纸主要有平面图、系统图、局部剖面图、大样图、标准图、定型图和设计说明等。它们分别表示设备、器具种类，安装位置、管道走向，细部结构、管材、管径，连接方式，施工要求等内容。通风工程的施工图纸组成基本上与管道安装工程一样。显然，单位工程施工图纸是编制预算工作的对象，也是基本依据。施工图纸上表示的系统构造和管道的连接形式，提供了工程项目的划分，由此可以在预算定额中选择套用相应的定额项目和单价。施工图纸上各种不同规格、尺寸和数量，提供了计算分项工程数量的依据。因此，熟悉施工图纸是编制工程预算的基础和关键，只有对施工图纸的全面情况熟悉、理解和掌握后，才能准确、全面、快速地编制出安装工程预算。

下面以常用的室内给排水工程为例，说明熟悉管道安装工程施工图纸的方法和步骤。

(1) 室内给排水工程施工图纸的组成、内容：

室内给排水工程施工图纸主要包括平面图、给水及排水系统图、详图及设计施工说明等。

1) 平面图：是施工图纸中主要部分。其内容：

根据建筑的性质，在图上以图例表示出给水、排水设备的类型、位置和安装方式；

各干管、立管、支管的平面位置，管径尺寸及各立管的编号；

各管道配件的平面位置等。

2) 给水、排水系统图：又称系统轴测图，相当于建筑物的透视图。系统图表明给水、排水设备与管道在空间的位置及相互关系；还表明了各干管、立管、支管的标高尺寸、变径位置及卫生器具、阀门、水表和消火栓的安装高度；系统图与平面图配合说明了给水、排水系统的全貌。

3) 详图：给排水系统详图包括标准图和非标准图。它表示设备与管道连接点的详细构造及安装要求。此外，还有节点大样图，即在平面图、系统图中表示不清的某些部位而又无标准图的一些节点及其做法，放大比例成大样图。如工程中常见的有卫生间、厨房、水泵房、水箱处的大样图。

4) 设计施工说明：包括施工总图详细目录，即提供了施工图纸的数量和有关资料的详细情况；施工验收质量要求；采用材料名称、管道连接方式、设备种类、型号及规格，某些统一的做法（除锈、刷油、保温及防结露）等等。

(2) 熟悉施工图的方法

1) 原则：先看设计施工说明后看图纸，抓住系统，从平面图到系统图、详图，相互对照着看。

2) 熟悉给水系统图：由房屋引入管开始，沿水流方向，经干管、立管、支管到用水设备。

3) 熟悉排水系统图：由排水设备开始，沿水流方向，经支管、立管、干管到排出管。

熟悉其它管道和通风工程的施工图纸，可参考熟悉室内给排水工程施工图纸的方法进行。

室内电气照明工程施工图纸，是以统一规定的图例和文字符号，以及简单扼要的文字说明，把管线敷设方式、配电箱、灯具、开关、插座等电气设备、器件的安装位置、型号规格及相互联系，在电气照明线路平面布置图和供电系统图和某些详图中表示出来。施工图纸还包括设计施工说明，其内容为：提供施工图纸数量和有关资料的施工总图纸目录；附有各种电气设备及材料型号规格的明细表；安装技术要求等等。

如上所述，只有了解、掌握电气照明设备、器件及文字符号的标准规定，才能更好地熟悉其施工图纸。在认真查阅设计施工说明、看懂图例、符号后，熟悉电气照明线路平面布置图时，可按"电源进户线装置→总配电箱→配电干线→分配电箱→配电支线→用电设备"的顺序进行。主要掌握了解所有配电箱、灯具、开关、插座、吊扇及其他电器的装设位置、安装高度、安装方式，以及型号规格和数量；了解配电线路的布局、走向、导线型号、截面、根数、敷设方式、以及所连接的电气设备等。对供电系统图，则应重点了解系统的供电方式、配电回路分布和与电气设备的连接、控制和保护等情况，从而实现对室内电气照明的全面理解和掌握。

熟悉施工图纸，还可按电气照明工程图的要点及结合设计、施工验收规范规定与土建工程施工图进行。即了解电源的引入及进户方式；明确各配电回路的路径、敷设方式、导线型号、根数及电源相序；明确电气设备、器件的空间安装位置。以对电气照明系统的立体布设全貌进行熟悉和了解。仔细对照、综合熟悉施工图，即将室内电气照明工程的平面图、系统图、详图等有关图纸相互对照，综合阅读，以找出它们之间的内在联系和配合关系。

综上所述，熟悉施工图纸的方法因单位安装工程各异，但在改建、扩建工程的某些项目和工程量，完全靠图纸是无法计算的，还需深入施工现场进行实测了解。总而言之，对施工图纸、各种情况和资料熟悉、掌握的越全面、具体，编制的预算也就更符合实际，工程造价亦更准确可靠。

3. 分项工程划分

具有独立设计的施工图纸，并能单独进行施工的单位安装工程是编制施工图预算的对象。但是，每一个单位工程仍然是一个比较大的综合体，对其造价的计算还存在着许多困难。因此可将单位安装工程再进一步划分为分部工程。

分部工程是单位工程的组成部分。一般是按单位安装工程的管道系统、设备、器具种类划分。例如，给排水工程中的给水管道工程、排水管道工程、卫生设备安装工程、阀门、水表、消防设备安装工程等分部工程。

在每个分部工程中，因为管道材质、管径及连接方式和部位各异，或因为构造、设备规格、使用材料及施工方法等因素的不同，所以完成同一计量单位的工程所需要消耗的人工、材料和机械台班的数量及其费用的差别也是很大的。从而，还需要把分部工程进一步划分为分项工程。

分项工程是分部工程的组成部分。按照不同的安装施工方法、材料、规格，可以将分部工程继续分解为分项工程。显然，分项工程是单位安装工程预算最基本的计量单位。

管道安装工程的分项工程，是以施工图纸的设计施工说明、图纸上表示的系统构造和管道连接形式进行划分的。例如，室内镀锌钢管 $DN50$（螺纹连接）安装、焊接钢管 $DN25$（螺纹连接）安装、焊接钢管 $DN50$（焊接）安装、螺纹阀门 J11T-1.6$DN50$ 在镀锌管道上安装、螺纹阀门 J11T-1.6$DN50$ 在焊接管道上安装等等。

通风及电气照明工程的分项工程，也是以各自的施工图纸中的设计施工说明、以及图纸内容进行划分的。关于室内采暖、给排水及电气照明工程的分项工程具体划分，详见本节的二、三、四。

对于按上述方法划分确定的分项工程，需符合安装工程预算定额或地区价目表中的分项工程内容及其定额子目顺序，即分项工程的名称、规格、计量单位必须与预算定额或价目表中所列的内容完全一致，因此，选套定额工作就可以较为顺利地进行。在划分分项工程过程中，如果发现所列项目与定额子目不符，或定额缺项，也可将其单项列出，分析能否套用相近定额或者编制补充定额。

4. 计算工程量

计算工程量，即确定各分项工程的具体施工安装的工作数量。单位安装工程的分项工程量是编制施工图预算的原始数据。工程量计算的精确程度和快慢与否，都直接影响着施工图预算的编制质量与速度。因此，在计算工程量时，要尽量做到认真细致，计算准确。并且要按一定的工程量计算规则和预算定额的项目排列顺序进行计算，以防重复计算和漏算等现象发生，也利于校对和审核。

工程量计算是一项细致而繁杂的工作，所要求的工作责任心和原则性很强，在计算过程中，必须保持公正和严谨的态度。工程量计算在整个施工图预算编制中所占的工作量比例很大，它所确定的数据同时又可服务于施工预算及施工管理等工作。

（1）工程量计算准则：

工程量计算规则，是与《全国统一安装工程预算定额》配套执行的有关具体规定。它是编制安装工程施工图预算，确定工程造价，编制招标工程标底及确定招标文件所附工程量清单的依据；也是编制安装工程概算定额的基础。因此，在进行工程量计算时，必须遵从以下准则：

1）工程量的计算根据，应是施工图设计及其说明规定采用的标准图集和通用图集；经批准的施工组织设计和施工方案；有关施工即验收技术规范和规程。

2）工程量的计算应以施工设计规定的分界限为准，其计算内容要与预算定额项目划分、工作内容和适用范围相一致。

3）工程量的计算单位应与预算定额项目的计量单位相一致，计量单位以下小数点的取舍规定如下：

（A）管道安装：黑色金属管道"米"以下取一位数，小数点后二位四舍五入；有色金属、不锈钢管道"米"以下取二位数，小数点后三位四舍五入；余者按整数计，小数点后一位四舍五入。

（B）工艺金属构件工程：以"吨"为计量单位，"吨"以下取三位数，小数点后四位四舍五入。

4）设备安装工程量计量单位应同定额的计量单位，为"台"、"套"、"组"，并按设备重量"吨"或其它计量单位选用定额子目。

5）除定额有规定者外，工程量均不得包括材料损耗用量。

6）工程量计算凡涉及材料的容量，比重、比热换算均应以国家标准为准；如未作规定时，应以出厂合格证明或产品说明书为准。

7）计算工程量时，除本册定额另有规定者外，执行哪一册定额则相应执行同一册的工程量计算规则，不得相互串用。

（2）工程量计算的步骤：

由于安装工程本身的工艺特点，决定了其工程量的计算，涉及的施工验收规范、规定比较多，加之，工程量计算时，有很大一部分工作是在施工图纸上，用比例尺直接量测，所以，应按以下步骤进行。

1）深入了解施工图纸，除了解系统工作原理和设备之间相互关系外，还应熟悉图纸的部位标志和比例尺寸，熟悉尺寸标注规定；熟悉图纸说明栏中阐述的管道连接、除锈、刷油、保温或其它加工内容的要求和方法；熟悉零部件统计表中对零部件型号、材料、来源、制作方法等内容说明；熟悉反映细部构造的大样图、标准图和施工及验收规范等；还应熟悉图例、图形及文字符号的说明等。对安装工程整个系统有个完整的认识。

2）根据分项工程施工内容计算工程量，这是一项繁杂而细致的工作。为避免出现差错，一般是以管道或设备、器具为主线分类、分段进行计算的。例如，室内采暖工程管道安装项目，管材有无缝钢管和焊接钢管，管径有大有小，连接方式有无缝钢管焊接，焊接钢管螺纹连接（$DN \leqslant 32mm$）、焊接（$DN > 32mm$），局部甚至还有法兰盘连接，所以，可按连接方式分类，以管径大小排列，逐段计算。有些室内管道系统的管路比较复杂，支路多，变径多，计算时也可以按干管、立管、支管分类，以管径大小排列，分段进行。有些管道系统的安装方式不同，有明装、暗装、局部暗装等，有时有些管段还需保温，因此，也可以根据安装方式分类，仍以管径大小排列，分段计算。这种方法的优点是一次算出，多次利用，减轻了计算工作量。总之，工程量计算方法有多种形式，可根据工程具体内容和分项工程的划分情况及个人习惯等因素，灵活地采用不同的方法进行。但是，无论使用哪种方法，都要防止漏项和重复计算，提高计算数据的准确性，为套定额等工作打好基础。

3）汇总工程量，将所有分项工程中的各类工程量计算完后，以分项工程为题头，将同类工程项目按定额子目编号的顺序依次排列，相加汇总，填入工程量计算表格中，为下一步套用定额做好准备。在汇总工程量时，要特别注意计量单位的一致性，避免造成错误。

4）必须注意计算数字的准确性，要严格遵守工程量计算规则，搞清楚各部位、各尺寸之间的关系。在确定尺寸数据时，不得任意加大或缩小，不能任意改变规定的计算方法。精度要求应符合工程量计算准则中有关小数点的取舍规定。

5）工程量计算中使用的计量单位应该和定额子目的计量单位相一致。例如，室内采暖管道安装定额计量单位是10m，而管道冲洗、消毒定额中的计量单位却是100m；管道除锈刷油按管道表面积计算，定额的计量单位是$10m^2$，而保温则按保温材料理论消耗体积计算，定额计量单位是立方米。如果计算过程中不注意，以一当十，或以十当一，都会使计算数字产生很大的错误。所以，工程量计算时，不得随意确定计量单位，也不得随意使用习惯计量单位。若工程量的计量单位和定额的不一致，在套用定额时，一定要纠正过来。

6）坚持复核制度。工程量计算获得的数据，是编制工程预算的原始数据，如果发生较严重的错误，将导致工程预算造价与工程实际造价的较大偏差，并产生不良影响和后果。因此，必须慎重，坚持自查、互查、主要负责人审查的制度。复核主要是检查分项工程项目分类是否完整，计算公式是否正确，工程量汇总是否有遗漏等。为了便于复核检查，在工程量计算时，应注明管段或设备、器具的编号，名称，说明起，止点位置，在数字计算中，应写明计算公式，并按一定的次序排列。按分项次序逐次累加求和，并注明分项顺序号。

5. 选套定额、确定直接费

编制安装工程预算，计算汇总完分项工程量，经过核对无误后，才能按预算定额规定与各分项工程项目，选套有关定额子目，套用预算单价（基价），计算分项工程定额费用与定额各子目安装费，进而确定直接费。其步骤如下：

（1）填写安装工程预算表（工程预算表格式见第七章），选套定额，即套用预算单价，把预算定额中或地区价目表中有关分项工程项目的预算单价，包括人工、计价材料、机械费单价，在抄写定额编号和计量单位的同时抄进预算表相应的"单价"栏目内。为了保证套用单价的准确性，必须注意以下几点：

1）分项工程的名称、规格、计量单位必须与预算定额或地区价目表中所列的内容完全一致，即从预算定额或地区价目表中找出与之相应的定额子目编号，查出该分项工程的项目单价，直接抄进预算表中（《全国统一安装工程预算定额》中的第一册《机械设备安装工程》、第二册《电气设备安装工程》、第六册《工艺管道工程》、第八册《给排水、采暖、煤气工程》、第九册《通风工程》、第十册《自动化控制装置及仪表工程》、第十三册《刷油、绝热、防腐蚀工程》以及其相应的地区价目表中绝大部分项目的预算单价，即定额子目单价可直接套用）。

2）在套用预算定额单价过程中，凡遇到与所需套用预算单价的分项工程的名称、规格不一致时，在定额允许换算的情况下（在定额说明或附注中可查到），将有关预算单价换算成所需的预算单价。

3）在套用预算单价时，必须维护预算定额的法令性，除定额说明允许换算的项目外，其它必须遵照执行，不得任意修改和换算。在执行过程中，如发现问题，可向地区建筑经济定额办公室及时反映解决。

4）在抄写预算单价时，项目的顺序，应尽量与各册定额编号的顺序排列相同，即项目的顺序按定额子目编号的顺序排列，既可方便套用定额单价和审核选套定额是否有误，也避免了审核预算时前后翻阅定额或价目表，以便节省时间，加快工程预算书的编制速度。

5）选套定额，要认真、细致、准确，防止错套、漏套和重复套用。

（2）计算分项工程定额费用：

分项工程定额费用的计算，是用预算单价乘以分项工程量，其数额填写在预算表"合价"栏目内的"合计"中；分项工程定额费用中的人工、计价材料、机械费也应分别算出，即用预算单价中的人工、计价材料、机械费单价分别乘以分项工程量，其数额也分别填写在预算表"合价"栏目的其中费用下的"人工费"、"材料费"、"机械费"中；该分项工程的未计价材料费，可利用材料的市场价格（或预算价格）和定额中主要材料消耗标准及分项工程量计算。计算公式如下：

未计价材料费＝材料单价×定额主材消耗标准×分项工程量

未计价材料的定额计量单位、数量（根据定额主材消耗标准与分项工程量的乘积）、单价及数额，再分别填写在预算表"主材费"栏目下的"单位"、"数量"、"单价"、"合价"内。

1）若以字母 A_i、B_i、C_i、D_i、E_i 分别表示分项工程定额费用，其中的人工、计价材料、机械费用和未计价材料费用，则有：

$$A_i = B_i + C_i + D_i$$

显然，不但要计算分项工程定额费用，还要分别计算其中的人工、材料、机械费用。这是因为：安装工程造价实行动态管理，便于执行地区调价文件规定，对人工、材料、机械费用进行计算调整；安装工程计算其它费用（定额规定的各类系数费用、其他直接费、现场经费、间接费、计划利润等），都是以预算人工费和总人工费为基数计算的；其次，分别计算分项工程定额费用，其中的人工、计价材料、机械费用，还可以利用上式进行计算数字的校核。

2）分项工程定额费用与未计价材料费用之和即为该分项工程项目的价值。即：

$$分项工程项目价值 = A_i + E_i = B_i + C_i + D_i + E_i$$

如果某地区使用的是安装工程单位估价表，单位估价表中将定额未计价材料费，即主材费已合并计入计价材料费中，则 $E_i = 0$。所以，分项工程项目价值 $= A_i + B_i + C_i + D_i$。

（3）定额各子目安装费小计（即各分项工程定额费用小计）：

将分项工程定额费用汇总求和，记做 A；人工费汇总求和，记做 B；计价材料费汇总求和，记做 C；机械费汇总求和，记做 D；未计价材料费汇总求和，记做 E。即为安装工程预算定额各子目安装费小计（与建筑工程预算项目直接费相似）。用公式表示

$$A = \Sigma A_i = \Sigma（预算单价 \times 分项工程量）$$
$$B = \Sigma B_i = \Sigma（预算人工费单价 \times 分项工程量）$$
$$C = \Sigma C_i = \Sigma（预算计价材料费单价 \times 分项工程量）$$
$$D = \Sigma D_i = \Sigma（预算机械费单价 \times 分项工程量）$$
$$E = \Sigma E_i = \Sigma（材料单价 \times 定额材料消耗标准 \times 相应分项工程量）$$

同理则有：$A = B + C + D$

利用上式，分别计算出人工费、计价材料和机械费的总和，便于执行地区调价文件，计取有关费用和校核有关计算数字是否正确。

（4）定额规定的各类系数使用原则：

为了确定安装工程预算直接费，还需计算定额规定的按系数计取的有关费用。安装工程预算定额中，为了减少活口，按系数计取的有关费用共有两类：

第一类为定额子目系数，包括定额各章节规定的各种换算系数、超高系数、高层建筑增加系数。

第二类为综合系数，包括脚手架搭拆系数、系统调整系数、安装与生产同时进行的施工增加系数，在有害身体健康环境中施工增加系数等。

第一类子目系数是综合系数的计算基础，同类系数之间的关系一般是并列关系。上述二类系数计算所得增加部分，并构成直接费。

由于各册定额对操作高度、高层建筑、脚手架等的系数规定不同，有时同一项工程需套用几册定额，分别按各册的系数进行计算。为了编制预算方便，各省、自治区、直辖市的定额主管部门，可通过测算制定综合系数，或采用其他简化办法计算。具体详见地区安装工程价目表或单位估价表的说明。

1）超高系数的应用。定额中操作物高度是指：有楼层的按楼层地面至安装物的垂直距离；无楼层的按操作的地点或设计正负零至操作物的距离而言。超高增加费，即定额中操作物高度超过定额规定部分的人工降效，按其超过部分的定额人工费乘以超高系数计算，来调整预算单价中的人工费和相应的分项工程定额费用，即调整有关定额子目中的人工费和相应的定额基价，但对于第一、六、十三册定额或价目表，还需对机械费进行调整，具体详见这三册定额或价目表的总说明。

已在预算单价中考虑了超高作业因素的定额子目不得再计算超高增加费。例如，第二

册中：10kV 以下架空线路；工业塔上照明管线灯具安装；避雷针安装（包括独立避雷针、建筑物、构筑物上的避雷针）等。

在高层建筑物施工中，如同时又符合超高施工条件的，可同时计算高层建筑增加费和超高增加费。

2）高层建筑增加费：是指高度在六层或 20m 以上的工业和民用建筑物施工的增加费用，按有关册定额说明所规定的系数（百分比）计取，称为高层建筑增加费。

这里的"高层建筑"是安装工程预算的专用名词，它与建筑设计、建筑工程预算定额规则不同，不能混用。

高层建筑的划分标准：凡多层建筑层数超过六层（不含六层及地下室）、或层数虽未超过六层而总高度超过 20m（不含 20m）的，即为"高层建筑"，则应按有关规定的系数计取高层建筑增加费；单层建筑高度超过 20m（不含 20m），亦应计取高层建筑增加费。

高层建筑增加费用内容包括：人工降效、材料、工具垂直运输所增加的机械台班费用；施工用水加压泵的台班费用；工人上下班所乘坐的升降设备台班费用等。

高层建筑增加费适用计取的范围：民用电气照明工程、给排水、采暖、生活用煤气、通风工程以及附属于上述工程中的除锈、刷油、绝热等工程。上述范围以外的安装工程不得计取。

高层建筑增加费计算规则：

建筑物高度：是指设计室外地坪至檐口滴水的垂直高度。不包括屋顶水箱、楼梯间、电梯间、女儿墙等高度；

同一建筑物高度不同时，可分别按不同高度计算；

在计算高层建筑增加费时，应包括六层或 20m 以下全部工程的人工费为计算基础（含地下室工程的人工费）；

对于总高度超过 20m 的单层或六层内的建筑物，计算高层建筑增加费时，应先用总高度除以 3m（每层高度），计算出相当于多层建筑的"层数"，然后根据"层数"再按有关定额中"高层建筑增加费用系数表"所列的相应层数的增加费率计算。

【例 3-19】 某五层综合楼，层高为 4.5m，室内外高差为 1.20m，其给排水工程安装人工费总和为 6800 元（包括地下室和定额子目调整、地区调价文件的人工费调整）。试问，该工程是否应计取高层建筑增加费？若应计取，则高层建筑增加费和其中的人工费各是多少元？

【解】 ①计算建筑总高度

$$4.5 \times 5 + 1.20 = 23.70 > 20m$$

该综合楼层数虽未超过六层，但总高度已超过 20m，所以其给排水工程应计算高层建筑增加费。

②求高层建筑增加费和其中的人工费，先计算折算层数。即

$$23.70 \div 3 \approx 8 \ 层$$

根据折算层数 8 层，查《全国统一安装工程预算定额》第八册说明的第十一条第五款或地区价目表第八册说明中的高层建筑增加费用系数表，12 层以下的给排水工程高层建筑增加费用系数为总人工费的 17%，其中人工费占高层增加费的 11%。

所以，高层建筑增加费为： $6800 \times 17\% = 1156 \ 元$

其中人工费为：　　　　　　　　　　1156×11％＝127.16元

高层建筑增加费可并入预算直接费中，而其中的人工费则要计入总人工费中，再作为计算脚手架搭拆费和其他费用的基础。

3）脚手架搭拆费的计算：

安装工程脚手架搭拆及摊销费用，除在部分定额子目已计入此项费用外，均采用脚手架系数与总人工费（包括高层建筑增加费中的人工费）的乘积计算。各册定额在测算脚手架系数时，均已作了如下考虑：

各专业工程交叉作业施工时，可以互相利用脚手架的因素。如安装工程各专业之间（管道安装和仪表安装或电气电缆敷设，设备安装和设备保温，保温和刷油）安装与土建施工之间，测算时已扣除可以重复利用的脚手架费用；安装工程的脚手架，大部分是按简易脚手架考虑的；安装施工如部分或全部使用土建脚手架时，应作有偿使用处理。

定额中的脚手架搭拆，是综合取定的系数。除定额规定不计取脚手架费用者外，不论工程实际是否搭拆脚手架，或者搭拆数量是多少，均按规定系数计取脚手架搭拆费用，包干使用，即不调整。多层建筑中有的层高符合各册定额规定的，亦可计取脚手架搭拆费。

在同一个单项工程内有若干单位安装工程，凡符合计算脚手架搭拆规定的，则应分别计取脚手架搭拆费用。

脚手架搭拆费计算规则：

第二册《电气设备安装工程》预算定额说明第十二款中规定：

操作物高度离楼层、地面5m以下的，一律不计取脚手架搭拆费。

操作物高度离楼层、地面5m以上、10m以下，按单位工程人工费的15％（包括5m以下的人工费）计取脚手架搭拆费。

操作物高度离楼层、地面5m以上、20m以下，按单位工程人工费的20％（包括5m以下的人工费）计取脚手架搭拆费。

脚手架搭拆费中含人工费25％，可计入单位工程人工费中作为计取其他费用的基础。

因电气安装工程项目零星分散，不可能按每个灯具、开关、电缆的不同安装高度分别计算"脚手架费用"，只有采取综合计取的办法，才能达到计算简单、使用方便的目的。工程高度是指工程的最高安装高度。

10kV以上变配电设备安装定额和10kV以下架空线路已考虑了高空作业因素，并将"脚手架费用"摊入相应定额。不得再另行计算。

定额第六册、八、九、十三册的脚手架搭拆费不分高度，按各册定额规定的系数分别计算；如果本地区的定额主管部门测算制定了综合系数的，在单位安装工程中不再按管道工程、通风工程的刷油及保温分别计算脚手架费，编制工程预算时，根据工艺管道、给排水、采暖、煤气、通风工程不同，按综合系数计算（上述工程中的刷油、保温脚手架费已在综合系数内包括）。

电梯、风机、泵类等各种设备安装，执行第一册《机械设备安装工程》预算定额，但其中未包括脚手架搭拆，如需搭拆脚手架时，可按各地区建筑工程概预算定额的有关内容执行。

【例3-20】　试按××省第八册价目表规定，脚手架搭拆费不再按管道、刷油、保温分别计算，按综合系数计取，给排水工程的脚手架综合系数为人工费的9％，其中人工工资占脚手架费的 25%。试计算例 3-19 中的脚手架搭拆费及其中人工工资。

【解】 因为例 3-19 中的总人工费为 6800 元，而高层建筑增加费中的人工费为 127.16 元，高层建筑增加费是用子目系数计算的，子目系数是综合系数的计算基础，所以该工程脚手架搭拆费为：

$$(6800 + 127.16) \times 9\% = 623.44 \text{ 元} \qquad (可并入直接费)$$

其中人工工资为：$623.44 \times 25\% = 155.86$ 元

人工工资并入总人工费中，作为计算其他费用的基础。

4）系统调整费，是指采暖工程和通风工程的系统调整而发生的费用。其他工程，如给排水工程中的热水供应系统、煤气工程等不得计取系统调整费。

采暖工程的系统调整费，按采暖工程（不包括锅炉房管道及外部供热管网工程）人工费的 15% 计算，其中人工工资占 20%。

通风工程系统调整费，按系统工程人工费的 13% 计算，其中人工工资占 25%。

5）在有害身体健康环境中施工降效增加费，是指在民法通则有关规定允许的前提下，改扩建工程由于车间、装置范围内有害气体或高分贝的噪声超过国家标准以致影响身体健康而降效的增加费用。不包括劳保条例规定应享受的工种保健费。

定额中涉及的有害身体健康环境，主要是指环境中有毒物质危害、工业粉尘浓度超标危害、有害气体危害及氧气浓度过低危害和影响。其危害程度和有关具体数据可参见《全国统一安装工程预算定额解释汇编（续）》综合性问题解释第十五条附表 1～4 的规定。超过允许规定的，可按定额各册规定计取有害身体健康环境中施工降效增加费用。

在有害身体健康环境中施工降效费为预算总人工费的 10%。

当符合安装与生产同时进行和安装工程在有害身体健康环境中施工两个条件时，降效系数合并为 20%。以预算总人工费为基数计取。

6）安装与生产同时进行的增加费用，是指改建、扩建工程在车间或装置内施工，因生产操作或生产条件限制（如不准动火），干扰了安装工作的正常进行而降效的增加费用。如安装工作不受干扰的，不应计取此项增加费用。安装与生产同时进行降效的增加费用为预算总人工费的 10%。

（5）直接费计算公式：

综上所述，安装工程预算直接费的通用计算公式为：

直接费＝A＋文件调整费＋高层建筑增加费＋脚手架搭拆费＋系统调整费＋有害环境增加费＋施工生产同时进行增加费＋E

式中 A——预算表中定额子目安装费合价小计，包括调整定额子目内容；

　　 E——预算表中未计价材料费，即主材费合计，使用地区安装工程单位估价表时，则

　　　 E＝0

其中人工费的通用计算公式为：

人工费＝B＋B×文件调整系数＋高层建筑增加费中的人工费＋脚手架搭拆费中的人工费＋系统调整费中的人工费＋有害环境增加费＋施工生产同时进行增加费。

式中 人工费——即为计算其他直接费、现场经费、间接费、计划利润和劳保基金的基数。

　　 B——预算表中定额各子目人工费合计。

6. 按程序取费、计算造价

编制安装工程预算书，确定工程造价，需按工程造价计算程序进行。首先，须执行本地区主管部门颁发的现行安装工程造价动态管理文件规定，即进行人工、计价材料（辅材）、机械费等费用的调整；对定额中规定的有关系数费用，可按子目系数与综合系数以及同类系数之间的关系分别计算，包括其中的人工费；而其他直接费、现场经费及间接费费率和计划利润差别利润率，则根据工程类别、企业级别及隶属关系，承包方式以及投资不同来源，由各省、自治区、直辖市和有关专业部颁发的费用定额确定、以单位安装工程总人工费为基数进行计算。

由此可见，安装工程造价与建筑工程造价计算一样，也需按规定的取费程序进行。为了使计算简捷、方便、准确，一般按表 3-37 的计算程序，进行取费，计算造价，表 3-37 为××省 1995 年的取费程序，仅供参考。

安 装 工 程 取 费 程 序 表　　　　　　表 3-37

序号	项目名称	计算式	单位	合价	其中			主材费	备注
					人工费	材料费	机械费		
1	小计	定额各子目安装费，含调整子目内容	元	A	B	C	D	E	$A = B + C + D$
2	调整后安装费	$B \times$ 规定系数，$C \times$ 规定系数，$D \times$ 规定系数	元	A_1	B_1	C_1	D_1	E	$A_1 = B_1 + C_1 + D_1$
3	高层建筑增加费	$B_1 \times$ 系数，其中工资 $a_1 \times$ 系数	元	a_1	b_1				按规定计取
4	脚手架搭拆费	$(B_1 + b_1) \times$ 系数，其中工资 $a_2 \times$ 系数	元	a_2	b_2				按规定计取
5	系统调整费	$(B_1 + b_1) \times$ 系数，其中工资 $a_3 \times$ 系数	元	a_3	b_3				按规定计取
6	有害环境增加费	$(B_1 + b_1) \times$ 系数	元	a_4	a_4				符合规定计取
7	施工生产同时进行增加费	$(B_1 + b_1) \times$ 系数	元	a_5	a_5				符合规定计取
8	直接费	$A_1 + a_1 + a_2 + a_3 + a_4 + a_5 + E = A_2$，其中工资 $B_1 + b_1 + b_2 + b_3 + a_4 + a_5 = B_2$		A_2	B_2				
9	其他直接费	$B_2 \times$ 费率	元	A_3					
10	现场经费	$B_2 \times$ 费率	元	A_4					
11	直接工程费	$A_2 + A_3 + A_4$	元	F					
12	间接费	$B_2 \times$ 费率	元	A_5					
13	利润	$B_2 \times$ 费率	元	A_6					
14	劳保基金	$B_2 \times 35.5\%$	元	A_7					结算时扣除

序号	项目名称	计 算 式	单位	合价	其中			主材费	备 注
					人工费	材料费	机械费		
15	不含税造价	$F+A_5+A_6+A_7+$主材价差	元	G					
16	税金	$G \times$税率	元	H					
17	含税造价	$G+H$	元	Z					结算时扣除劳保基金

注：①该省 1995 年下半年，工程造价动态管理文件调整规定：

a. 人工费的调整：县及县以上施工企业，按"价目表"各子目预算人工费之和调增 100.1%；县以下施工企业，按"价目表"各子目预算人工费之和调增 21.77%。

调整后的人工费作为计取高层建筑增加费等系数的基础。

b. 机械费的调整："价目表"中机械费，不分施工企业级别及隶属关系，统一按子目预算机械费之和调增 92.3%（驻省会市城效七区六县的安装施工企业另增加 2% 作为城市道路设施建设附加费）；

C. 计价材料费：该省省会××地区暂无调价系数，调整后安装费应为：$A_1=B_1+C+D_1$。

②劳保基金问题说明：

该省已实行建筑业劳保统筹，故在费用定额的间接费中未包括：

a. 劳动保险费；

b. 职工养老保险费及待业保险费；

c. 上述费用的费率已调整为 35.5%，由行业劳保统筹机构向建设单位收取，统筹拨付返还给施工企业用于在职职工养老保险金积累；

d. 应计入含税工程造价，故在取费程序中单项列出，并在结算工程价款时扣除。

③不含税造价中的主材差价，若主材以市场价格计入的，则主材差价为零。

④计算含税造价中的税率同建筑工程。

7. 编制工程预算说明书

一份完整的工程预算，在计算出工程预算总造价后，还应该在预算书的首页编写编制说明，说明在工程预算表中不能反映而需要说明的问题，一般应包括下列内容：

（1）编制依据：

1）采用的施工图纸名称及编号；

2）采用的预算定额和地区价目表或单位估价表；

3）费用定额中的费率选取依据及地区调价文件依据；

4）采用的施工组织设计或施工方案。

（2）是否考虑了设计修改或图纸会审纪要。

（3）遗留项目或暂估项目有哪些：并说明原因。

（4）存在的问题以及处理方法。

（5）应在预算中交待的其它问题。

二、室内采暖工程的分项和工程量计算

室内采暖工程也称为室内供暖工程。设置供暖工程的目的是在采暖期间室内供给一定的热量，以保持室内一定的空气温度，从而满足工农业生产需要和提高人们学习、工作效率及改善居住条件。

采暖工程施工图和土建施工图的表示方法不大一样，它通常包括平面图 系统图（透视图）、详图（标准图、节点图）和文字说明及图例；一般情况不采用剖面图。下面分别介绍它们包括的内容和所起的作用。

1. 平面图

是采暖工程中最基本的施工图纸，它表达了建筑物及其散热设备、管道、附件的平面位置。该图基本上反映了室内供暖系统的总体情况，如系统形式、管道走向等。采暖平面图一般包括以下内容：

（1）建筑物的轮廓、轴线及其标号、门、窗、柱、楼梯等。并注明有层数和绘图比例。

（2）散热设备（散热器、辐射板、暖风机）的平面位置、种类型号、数量及安装方式（明装、暗装或半暗装）。

（3）管道的平面布置及相互连接。采暖系统的形式（上分式，下分式，单、双管，同程式或异程式等）。

（4）管道上阀门、固定支架、补偿器（伸缩器）等的平面位置、种类及型号。

（5）各立管的平面位置、编号、数量。

（6）底层平面图，还反映了热媒入口装置的位置及配管组成，室内地沟的平面走向；顶层带有水箱间的平面图中，则还有膨胀水箱的型号、位置和配管的平面布置等。

（7）对于局部零件、部件的制作及安装方式，如果是选用标准图的，在平面图相应位置上应标有标准图号。

2. 采暖系统图

又称为透视图或轴测图，是采用45°等轴测的绘制方法，直观地表达设备和管道之间的空间关系，是脱离建筑物的一个独立管道系统，易于识读，因而就没有必要再绘制剖面图。系统图的主要内容有：

（1）采暖系统的形式，管道在空间上的相互连接，各管段管径尺寸、坡度、水平管道和设备标高以及入口装置和立管编号等。

（2）热媒入口位置及各种设备、附件、仪表、阀门之间的关系。

3. 详图

采暖施工图的详图包括标准图和节点详图。

（1）标准图主要包括：膨胀水箱的制作、配管与安装；疏水器、减压阀、调压板的安装和组成形式；散热器的连接与安装；系统中立、支管的连接；管道支、吊架的制作与安装；集气罐的制作与安装等等。

（2）节点详图，是指系统图中表示不清楚需要局部放大的图纸。

4. 设计施工说明

在施工图中无法表示的内容均以文字说明叙述，大体内容应包括：

（1）热媒的种类、参数及热媒的供应方式。

（2）供暖热负荷和系统所需要的资用压力。

（3）采暖系统的形式及管道的敷设方式以及管道的材质和连接方法等具体要求。

（4）所选用的主要设备及附件的型号规格等。

（5）管道的防腐、保温（绝热）的做法及要求（包括支架的防腐）。

（6）管道施工，系统试压及验收等方面的要求。

5. 图例

采暖施工图中的设备、管道及附件均用图例表示,其大小及实际距离(管道长度除外)均不是按比例绘制的,带有一定的示意性,工程量计算时按标准图或产品样本等有关资料进行计算。

阅读施工图纸时,应首先了解文字说明,熟悉与图纸有关的图例、符号所代表的内容;结合供暖系统中热媒的流向:进户管→入口装置→总(主)立管→干管→各分立管→支管→散热设备→回水支管→回水立管→回水干管→回水总管,从平面图到系统图、详图互相对照着看,以对采暖管道布局走向、连接方式、管径尺寸、变径节点、保温管段,入口装置内容,散热设备型号规格、装设位置以及伸缩器的种类、型号等有全面了解。在此基础上,即可进行室内采暖系统的分项工程划分。

(一)分项工程的划分

根据施工图纸的内容和说明,室内采暖工程的分项工程一般可分为:

(1)室内管道安装工程。室内管道安装工程进一步又可划分为:

1)焊接钢管(公称直径 DN15、20、25、32mm)螺纹连接等四个安装项目;

2)钢管(公称直径 DN15、20、32……至进户管管径)焊接等若干个安装项目。这里的公称直径 DN32mm 以内钢管焊接安装,是指吊顶、地沟内的供、回水干管按设计要求进行焊接,所以,应按钢管连接方式不同,分别划分 DN32mm 以内的焊接与螺纹连接的安装项目。

(2)DN25 至比进户管径大 1~2 号的若干种镀锌铁皮套管制作。

(3)管道支架制作与安装。

(4)不同管径的碳钢法兰焊接安装。仅限于焊接管道上需检拆处的碳钢法兰,不包括法兰阀门、减压器组成安装处的法兰。

(5)方形伸缩器制作安装。

(6)阀门安装:

1)不同规格的螺纹阀门安装;

2)螺纹及焊接法兰阀门安装;

3)自动排气阀门安装(不设置自动排气阀,则有集气罐制作安装项目);

4)手动放风阀安装。

(7)浮标液面计安装(膨胀水箱中)。

(8)入口装置安装。

1)减压器、疏水器、除污器组成安装;

2)温度计、压力表安装(无入口装置时)。

(9)供暖器具安装:

1)铸铁散热器组成安装;

2)其他散热器安装。

(10)膨胀水箱制作安装。

(11)管道除锈与刷油。

(12)支架除锈与刷油。

(13)散热器除锈与刷油。

(14)水箱除锈与刷油。

（15）管道保温。

（16）水箱保温等等。

（二）工程量计算

工程量计算，即计算上述各分项工程以自然或物理计量单位表示的实物数量。

自然计量单位所表示的工程量，主要指以物体自身为计量单位表示的分项工程的数量。例如，方形伸缩器和阀门以"个"，铸铁散热器以"片"、钢制板式散热器以"组"等为计量单位。这部分分项工程量，可直接在施工图纸上按不同型号、规格以"数数"的方法分别累加计算。

以物理计量单位（法制计量单位）表示的管道安装长度"m"，及其刷油面积"m²"、保温体积"m³"、支架重量"t"等，则要在施工图纸上和使用其他资料经过计算确定。显然，这部分分项工程量的计算比前者点自然数的方法要复杂和困难。

工程量计算，须按工程量计算规则及定额规定的有关内容、计算方法进行。

1. 采暖热源管道与有关定额的划分界线

（1）室内外以入口阀门或建筑物外墙皮 1.5m 为界。

（2）采暖室外热源管道与工艺管道界线以锅炉房或泵站外墙皮 1.5m 为界。

（3）工厂车间内的采暖管道与工业管道的界线，以采暖系统与工业管道碰头点为界。

（4）设在高层建筑内的加压泵间管道以泵间外墙皮为界。

2. 工程量计算规则

（1）管道安装：

1）管道安装工程量，均按施工图所示的管道中心长度计算，以"米"为计量单位，不扣除阀门及管件（包括减压器、疏水器、伸缩器等成组装置）所占的长度。

2）镀锌铁皮套管制作，以"个"为计量单位。其安装已包括在管道安装定额内，不另计工程量。

3）管道支架制作安装，室内管道公称直径 32mm 以下的螺纹（丝接）连接的安装工程已包括在定额内，不另计工程量。钢管焊接和公称直径 32mm 以上的，按图示尺寸以"吨"为计量单位。

4）各种伸缩器制作安装，均以"个"为计量单位。方形伸缩器两臂，按臂长的两倍合并在管道长度内计算。室内柱子突出墙面，管道绕柱子敷设属于方形伸缩器（补偿器）形式的，可按方形伸缩器计算。

5）管道消毒、冲洗，按管道长度，不扣除阀门、管件所占长度，以延长"米"为计量单位。

（2）各种阀门安装，均以"个"为计量单位。法兰阀门安装，如仅为一侧法兰连接时，定额所列法兰、带帽螺栓及垫圈数量减半，其余不变。

（3）入口装置：

1）减压器安装按高压侧的直径计算。

2）减压器、疏水器组成安装，以"组"为计量单位。如设计组成与定额不同时，阀门和压力表数量可按设计需要量进行调整，其余不变。

3）减压器、疏水器单体安装，均以"个"为计量单位。

4）温度计、压力表单体安装，均以"支"和"块"为计量单位。

（4）供暖器具安装：

1）铸铁散热器组成安装，以"片"为计量单位。

2）太阳能集热器安装，以"个单元"为计量单位，并以单元重量（包括支架的重量）套用相应定额子目。

3）热空气幕安装，以"台"为计量单位。其支架制作安装另行计算。

4）光排管散热器制作安装，以"米"为计量单位，定额内包括联管长度，不另行计算。

（5）膨胀水箱制作与安装：

1）水箱制作，按施工图纸所示尺寸，不扣除接管口和人孔手孔，包括接口短管和法兰的重量，以"公斤"为计量单位。法兰和短管按成品价另计材料费。

2）水箱安装，以"个"为计量单位，按水箱用途、名称及容量"立方米"套用相应子目。

3）各类水箱均未包括支架制作安装，如为型钢支架执行第八册"一般管道支架"项目，混凝土或砖支座可按土建项目执行。

4）各种水箱连接管，均未包括在定额内，可按室内管道安装的相应项目执行。

（6）管道、设备、支架除锈刷油，均以"平方米"和"kg"为计量单位，管道、设备绝热（保温），分别计算绝热体积（m³）和保护层面积"m²"。

3．工程量计算方法

（1）进户管、总立管、干管工程量计算：

室内采暖系统的进户管、总立管、干管回水干管，总回水管的工程量计算，比各立管和连接散热器的支管计算，相对要简单些。在全面熟悉施工图纸及有关说明的情况下，根据平面图的比例和标注尺寸按管道材质、连接方式分规格分别计算。总（主）立管根据系统图所注标高尺寸计算。计算顺序先地下后地上，即先从底层平面或地沟部分开始，然后再计算上部有关管道。根据工程量计算规则，以延长米为计量单位，由建筑物外墙皮1.5m处沿着进户管走向一直到室内总（主）立管、干管为止，同时还包括从集气罐或自动排阀处出来的放气管。一般在具体计算时，可先从大管径逐段进行。凡是水平干管按平面图比例，直接用比例尺在平面图上量测计算（阀门及管件所占长度均不扣除），此时要特别注意图中管道的变径位置和量测计算数据中的地沟、总立管及不供暖房间、楼梯间需保温管段的工程量（分规格在计算书中加以标注），以便一次算出，多次利用。有关总立管或干管局部抬高及回水干管局部降低处的垂直管段，均以系统图上所注标高计算，如因建筑物缩墙或室内其他管道与供暖管道交叉有"乙"字弯或抱弯时，应以实际长度为准，切不可用比例测量。

供回水干管（水平串联的支管）中的各种补偿器（伸缩器），其长度均不在管道延长米中扣除，方、圆形伸缩器两臂长，在计算干管工程量时，原则上按设计确定的尺寸计算，加在相应管径的管道延长米内。若设计未明确时，一般可按表3-38的数量计算。

（2）各立管工程量计算：

室内供暖系统的立管计算比较复杂，为了使立管工程量计算准确，应按供回水干管标高尺寸，干管与立管连接的标准图要求进行，并应扣除未跨越连接的各层散热器中心距的尺寸。

由于室内供暖工程按散热器支管与立管连接方式不同，可分为垂直单管、双管和单管水平串联等系统形式，因此立管的计算方法也因系统形式不同而不一样。在进行立管计算时，应根据系统形式，分别采取不同的计算方法。

直 管 弯 制 补 偿 器 两 臂 长 度 表　　　　　　　　表 3-38

补偿器形式	补偿器直径（mm）						
	25	50	100	150	200	250	300
	增 加 长 度 （m）						
⌒	0.6	1.2	2.2	3.5	5.0	6.5	8.5
⊓	0.6	1.1	2.0	3.0	4.0	5.0	6.0

1）单管系统立管计算公式如下：

立管长度＝供水干管标高－回水干管标高＋2×干管距立管尺寸

　　　　　－（散热器中心距尺寸×n）

式中　　立管长度——为一根标准立管的计算长度（m），室内供暖系统有多少根立管，应按不同管径分别计算，其计算公式为：

　　　　　　　同管径立管总长度＝标准立管长度×同管径立管根数（m）；

供、回水干管标高——可在系统图上查得（m）；

干管距立管尺寸——可查标准图 N112，一般为 0.2m；

散热器中心距尺寸——指散热器进水和出水口中心线尺寸，与散热器型号种类有关，如铸铁四柱 813 型散热器，中心距为 0.642m；

　　　　　　n——垂直单管系统中，立管未跨越连接散热器的总层数。

【例 3-21】　某六层住宅楼室内热水供暖工程为垂直单管系统，其起居室共有 $DN20$ 的立管 24 根，散热器采用铸铁四柱 813 型，立管与散热器支管连接如图 3-39 所示，试计算 $DN20$ 立管的工程量（地沟内的立管需保温，工程量请另标注）。

【解】　由图 3-39 知，立管未跨越连接散热器的层数有三层，所以 $n=3$，

故标准单根立管的长度为：

$$L_{DN20}=16.8-（-1.0）+2\times0.2-（0.642\times3）$$

$$=16.274（m）$$

24 根总立管的工程量为：

$$L_{DN20}=16.274\times24\approx390.6（m）$$

［其中地沟内的保温立管工程量为　　　　（1+0.2）×24＝28.8m］

在供暖系统中，如果立管中间有变径，则应在变径处分开计算立管的工程量。供水管变径在散热器进水支管弯头处，回水管变径在散热器出水支管弯头处，计算时应根据安装标准图求出散热器进水口标高或出水支管标高，即可计算出变径处标高。

例如图 3-39 所示的立管，若上部供水立管 $DN20$ 到二层，变径则在二层散热器供水支管弯头处，二层以下为 $DN15$ 立管，分段计算一根标准立管长度步骤如下：

由散热器安装标准图查得，四柱 813 型铸铁散热器进水口距地面的距离为 0.768m，所

以，二层散热器供水口处标高为：

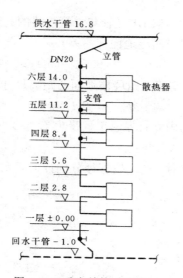

图 3-39　垂直单管系统图

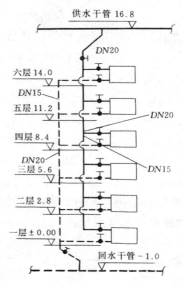

图 3-40　双管系统

$$二层标高＋0.768＝2.8＋0.768＝3.568 （m）$$

二层散热器回水口处标高：

$$二层标高＋（0.768－0.642）＝2.8＋0.126＝2.926 （m）$$

故 $DN15$ 立管的工程量：

$$2.926－（－1）＋0.2－0.642＝3.484 （m）$$

$DN20$ 立管的工程量：

$$16.8－3.568＋0.2－0.642＝12.79 （m）$$

所以，例 3-21 中 24 根立管分开计算的工程量分别为：

$$L_{DN15}＝3.484×24≈83.6 （m）$$

［其中地沟内的保温立管工程量为（1＋0.2）×24＝28.8 （m）］

$$L_{DN20}＝12.79×24≈307.0 （m）$$

2）双管系统立管计算：

在室内供暖工程中，双立管系统也是很常见的。双管系统立管工程量计算时，除了考虑供、回水干管距立管尺寸（灯叉弯）外，还应按供水和回水管及管径不同分别计算。同时应包括供、回水立管过散热器支管的抱弯尺寸。下面以图 3-40 所示，来说明双立管系统的工程量计算方法（散热器为铸铁四柱 813 型）。

供水立管：$DN20$ 与 $DN15$ 变径位置在四层的散热器进水支管与立管连接的三通处，从上往下计算即：

$$L_{DN20}＝16.8－8.4－0.768＋0.2＋0.1×2＝8.032 （m）$$

式中　16.8——供水干管标高，（m）；

　　　8.4——四层楼地面标高，（m）；

　0.768——813 型散热器进水口距地面的距离，（m）；

　　0.2——干管距立管尺寸（灯叉弯尺寸），（m）；

0.1×2——$DN20$ 立管过五层，六层散热器回水支管的两处抱弯尺寸，(m)。

$$L_{DN15}=8.4+0.1×3=8.7 \text{（m）}。$$

回水立管：$DN20$ 与 $DN15$ 变径位置在四层的散热器回水支管与立管连接的三通处，即：

$$L_{DN15}=14.0-8.4=5.6m \text{（六层与四层地面标高差）}$$

$$L_{DN20}=8.4-（-1）+0.2+（0.768-0.642）=9.726 \text{（m）；}$$

式中　（0.768-0.642）——四层散热器回水支管距四层楼地面的距离尺寸，(m)。

所以，一趟标准双管系统的立管工程量为：

$$L_{DN15}=8.7+5.6=14.3 \text{（m）（其中地沟内立管保温工程量为 1.2m）}$$

$$L_{DN20}=8.032+9.726=17.758 \text{（m）}$$

对于图 3-41 所示的双管系统，立管工程量计算时，还应按管径分别计入回水立管过散热器进水支管处的抱弯尺寸，其计算方法如上所述。

3）单管水平串联系统：

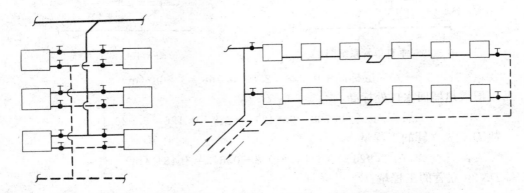

图 3-41　双管系统两边带散热器　　　　图 3-42　单管水平串联系统

单管水平串联系统如图 3-42 所示。其立管工程量计算可参见供暖总（主）立管的计算方法，并结合散热器回水支管距楼地面尺寸，计算回水立管标高，注意变径节点和地沟内的保温管段等。

（3）支管工程量计算

供暖系统的支管是指供暖立管与散热器进口和出口处的连接管。支管计算不能在平面图上按比例量测，因为散热器在图中只是以图例表示，并不能反映散热器的实际长度尺寸。显然用比例量测计算支管的工程量，既不科学，又不准确。但无论采用何种方法计算，散热器所占长度尺寸必须扣除。按平面图上各房间的分段尺寸，结合立管及散热器安装位置分别进行计算，则支管计算工作量就过于繁杂和困难。一个具体的民用建筑单位采暖工程，由于平面图上各房间的建筑开间尺寸、窗宽及位置均基本相同；散热器安装位置居窗中心线下部处；支管管径一般不变（如集体宿舍、住宅、办公楼、教学楼、疗养院、医院、旅馆等建筑）。所以可按每组散热器平均片数所占长度与房间开间尺寸及立管位置、与支管连接方式和散热器数量计算支管工程量。楼梯间、走廊、门厅及住宅楼的卫生间、客厅、饭厅等处的散热器支管则需分别计算。

1）立管位置在墙角，散热器安装在窗中心处，如图 3-43 所示的平面图，系统图参见图 3-39、图 3-40。支管长度计算公式为：

$$L = \left(\frac{a}{2} - \frac{b}{2} - c - d + 0.08 \right) \times 2 \times n = (a - b - 2c - 2d + 0.16) \times n \quad \text{(m)}$$

式中 L——同管径的支管总长度，(m)；

    a——房间建筑开间尺寸，(m)；

    b——每组散热器平均长度，$b = \delta \times$ 片/组，m/组，

        其中 δ——每片散热器的长度，如四柱 813 型散热器 $\delta = 0.057\text{m}$，M132 型 $\delta = 0.082\text{m}$，每组散热器的平均片数，即散热器总片数除以总组数；

    c——立管中心距墙皮尺寸，双立管系统 $c = 0.10\text{m}$，单立管系统 $c = 0.05\text{m}$，

    d——内半墙厚，包括粉刷层厚度，(m)；

  0.08——支管与散热器连接处的乙字弯（灯叉弯）弯制增加长度（m）；

    2——每组散热器的供回支管数；

    n——散热器总组数。

【例 3-22】 某住宅楼，房间开间尺寸为 3.3m，双立管系统，立管布置在墙角，散热器为 M132 型，装设在窗中下，总计 874 片，108 组，内半墙包括粉刷层厚 0.14m，试计算 $DN15$ 的支管工程量。

【解】 先计算每组散热器的平均长度，已知 M132 型散热器每片长度 $\delta = 0.082\text{m}$，所以

$$b = \delta \times \frac{\text{片}}{\text{组}} = 0.082 \times \frac{874}{108} \approx 0.664\text{m/组}$$

故 $L_{DN15} = (a - b - 2c - 2d + 0.16) \times n$

                $= (3.3 - 0.664 - 2 \times 0.1 - 2 \times 0.14 + 0.16) \times 108 \approx 250.1 \text{（m）}$

立管位置在墙角，散热器安装在窗边下部的支管工程量计算公式可结合上述公式，自行推导，亦不赘述。

2）立管位置在墙角，两边带散热器，窗中安装，平面图如图 3-44 所示，系统图参见图 3-41。支管长度计算公式如下：

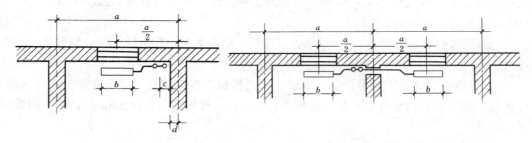

图 3-43　立管在墙角、
散热器窗中安装平面图
　　　　图 3-44　立管在墙角两边
带散热量器窗中安装平面图

$$L = (a - b + 2 \times 0.08) \times 2 \times \frac{n}{2} = (a - b + 0.16) \times n \quad \text{（m）}$$

式中符号及数字意义同前。

【例 3-23】 如果例 3-22 中，散热器支管与立管连接如图 3-44 所示，试确定 $DN15$ 支管安装工程量。

【解】 由例 3-22 知，$a=3.3$m，$b=0.664$m/组，$n=108$ 组

所以，$L_{DN15}=(a-b+0.16)\times n=(3.3-0.664+0.16)\times 108\approx 302.0$ （m）

3）单管水平串联系统的支管计算，其平面图如图 3-45 所示，由于单管水平串联系统的左右环路或上下层的支管管径有时不同；水平串联散热器组数或距离长短各异（水平距离过长或散热器组数超过 5 组时，中间需加补偿器，如图 3-42 所示），因此可按不同管径和情况分别计算支管长度。图 3-45 所示的支管长度计算公式为：

$$L=5a-2d-2c-\delta\times 5\text{ 组散热器总片数}+2\times 0.1\qquad\text{（m）}$$

图 3-42 所示的支管长度，如果上下层支管管径相同，其计算公式如下：

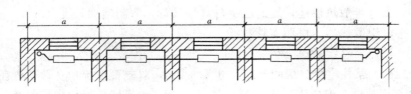

图 3-45 单管水平串联系统平面图

$$L=(6a-2d-2c-\delta\times 12\text{ 组散热器总片数}+2\times 0.1+$$
$$\text{由表 3-38 确定的方形伸缩器两壁长})\times 2\qquad\text{（m）}$$

4）支管工程量计算还应包括有过门地沟、供水干管局部抬高处、回水管绕门、集气罐等处的放气管或泄水管的长度。如果集气罐或自动排气阀处的放气管在干管工程量计算时已统计过，可将这部分工程量并入支管计算长度中，以便套用焊接钢管螺纹连接定额子目。

（4）套管工程量计算：

套管工程量计算，是在采暖平面图上统计供水干管，无地沟敷设处的回水干管及一根立管两边所带的散热器支管等过墙套管个数；在系统图上统计总立管、各立管等管道的过地沟盖板、楼板的套管个数；统计时按不同管径分别计算；管道公称直径 $DN40$ 以内，套管的公称直径比管道公称直径大两个规格等级（即 $DN15$ 的管道，套管的公称直径为 $DN25$）；管道公称直径 $DN\geqslant 50$ 时，套管的公称直径比管道公称直径大一个规格等级（如 $DN50$ 的管道，套管为 $DN70$）。

1）镀锌铁皮套管统计，不分过墙、过楼板、地沟盖板，按不同管径分别计算。计算单位为个。

2）焊接钢管套管工程量计算，分过墙、过楼板，地沟盖板（过墙套管与两边墙面齐，过楼板、地沟盖板的套管，下部与楼板齐，上部高出楼板面、地面 20mm），按不同管径以延长米计。

（5）管道支架计算：

管道支架计算的范围，是指钢管焊接和 $DN>32$mm 以上的螺纹连接管道中的滑动、固定支架，即托架、吊架和管卡，其形式有抱柱式、埋墙式、焊接式、悬吊式等多种形式。管道支架（固定支架除外）的间距、形式一般在图上没有具体规定，因此在确定支架数量时应按规范中规定的间距，即按表 3-39 中的规定进行计算；总（主）供水立管，规范规定每层应设一个，也应计算在内；所用的支架形式可根据管道支架大样图和结合建筑结构具体情况选用。

公称直径	管 道 支 架 最 大 间 距　（m）	
（mm）	保 温 管	不 保 温 管
15	1.5	2.5
20	2	3
25	2	3.5
32	2.5	4
40	3	4.5
50	3	5
70	4	6
80	4	6
100	4.5	6.5
125	5	7
150	6	8
200	7	9.5
250	8	11
300	8.5	11.5

支架计算还应包括柱型和 M132 型铸铁散热器安装用的拉条、热空气幕、膨胀水箱的型钢支架工程量。

支架的形式、数量确定后，即可按采暖工程有关标准图（N112），进一步计算型钢需用量。计量单位为"吨"。

（6）法兰计算：

法兰工程量计算（与入口装置、法兰阀门连接的法兰除外），根据法兰的材质、与管道的连接方法及管道公称直径尺寸分别计算。计量单位为"副"。

（7）伸缩器工程量计算：

伸缩器计算，根据伸缩器种类（方形伸缩器、套筒伸缩器等）、与管道连接方法和其公称直径的大小分别计算。计量单位为"个"。

（8）阀门计算：

阀门工程量计算，根据阀门种类、与管道和设备的连接方法和公称直径大小分别计算。计量单位为"个"。

入口装置，如减压器、除污器、疏水器等组成安装，所有的各种阀门不再重复计算工程量，定额中已包括。

（9）浮标液面计工程量计算：

膨胀水箱中的浮标液面计根据型号以组计算。

（10）入口装置计算：

减压器组成安装，根据公称直径（按高压侧直径计算）尺寸和连接方法不同分别计算。计量单位为"组"。

疏水器、除污器组成安装，根据连接方法和公称直径大小分别计算。计量单位为"组"。

（11）供暖器具计算：

1）铸铁散热器组成安装，按类型（翼型、圆翼型、M132 型、柱型等）在施工图中分层或按立管进行计算，计量单位为"片"。计算时注意楼梯间、走廊、门厅及卫生间、客厅等处散热器工程量的统计，因为这部分散热器的设计标高、安装位置甚至型号一般不同于各房间，稍不注意，则容易造成漏算或重复计算。在计算散热器总片数时，还应计算相应的总组数，以便计算支管工程量。

柱型和 M132 型铸铁散热器安装用拉条时，拉条另计工程量。按拉条长度乘以每米重量，包括螺母、垫圈、扁钢重量，以"吨"为计量单位，并入支架工程量中。

2）光排管散热器，根据排管公称直径不同分别计算。计量单位为"米"。定额内已包括联管长度，不得另行计算。

3）钢制闭式散热器，按不同规格分别以片计算。

4）钢制板式散热器，按型号规格计算，计量单位为"组"。

5）钢制壁式散热器，根据重量（15kg 以内，15kg 以上）不同，分别以组计算。

钢制闭式、板式、壁式散热器，定额中已计算了托钩的安装人工和材料，但不包括托钩价格，如主材价不包括托钩价格，托钩价格应计入主材费中。

6）钢制柱式散热器，根据片数（6～8 片、10～12 片等）多少，分别以组计算。

7）钢串片散热器，以"米"为计量单位。

8）暖风机安装，根据重量按台计算。

9）太阳能集热器，根据单元重量按个单元计算。

10）热空气幕，根据型号和重量按台计算。

（12）补水箱及膨胀水箱制作安装计算：

1）制作，按型号由标准图 N101 计算重量。计量单位为"kg"。

2）安装，补水箱按个计算；膨胀水箱按容积大小，分别以个计算。

（13）管道除锈刷油计算：

管道除锈刷油工程量计算，即计算除锈钢管表面积。

1）不同公称直径的管道除锈表面积按下式计算：

$$S = L \div 100 \times S \qquad (\text{m}^2)$$

式中　S——管道除锈面积　m^2；

　　　L——同一公称直径的钢管每 100m 保温层厚度为零栏目内的管道表面积 m^2，焊接钢管可查表 3-40；无缝钢管可查第十三册定额附录。

显然，室内采暖工程管道除锈总面积为：

$$总面积 = \sum S \qquad (\text{m}^2)$$

除锈工程量套用定额子目时，管道总面积再除以 10，因为定额计量单位为 10m^2。

2）管道刷油计算，根据油漆种类、管道材质、保温和非保温管道（保温管道一般刷两遍红丹防锈漆，非保温管道一般刷一遍红丹防锈、两遍银粉漆），分别计算管道的外表面积。计算方法同管道除锈工程量计算。保温管道的保护层（如玻璃布、油毡纸等）刷油面积，一般与绝热保护层工程量相同。

（14）支架除锈与刷油：

1）支架除锈工程量计算包括两部分：支架安装工程量；定额中包括的支架重量（如 $DN32$ 以内螺纹连接管道的支架、铸铁散热器的托钩重量等）。这部分支架重量，可根据全

焊接钢管绝热、刷油工程量计算表

表 3-40

（体积 m³）、（面积 m²）/100m

公称直径 (mm)	绝热层厚度 (mm)																							
	0		20		25		30		35		40		45		50		55		60		65		70	
	体积	面积	体积	面积	体积	面积	体积	面积	体积	面积	体积	面积	体积	面积	体积	面积	体积	面积	体积	面积	体积	面积	体积	面积
15		6.68	0.27	22.45	0.38	25.75	0.51	29.04	0.65	32.34	0.81	35.64	0.99	38.94	1.18	42.24								
20		8.40	0.31	24.17	0.43	27.47	0.56	30.77	0.71	34.07	0.88	37.37	1.07	40.67	1.27	43.97								
25		10.52	0.35	26.30	0.48	29.59	0.63	32.89	0.79	36.19	0.97	39.49	1.17	42.79	1.38	46.09								
32		13.27	0.41	29.04	0.55	32.34	0.71	35.64	0.89	38.94	1.08	42.24	1.30	45.54	1.52	48.84	1.77	52.07	2.03	55.43				
40		15.08	0.45	30.85	0.60	34.15	0.77	37.45	0.96	40.75	1.16	44.05	1.38	47.34	1.62	50.64	1.87	53.94	2.14	57.24				
50		18.85	0.52	34.62	0.70	37.92	0.89	41.22	1.09	44.52	1.32	47.82	1.56	51.11	1.81	54.41	2.09	57.71	2.38	61.01				
70		23.72	0.62	39.49	0.82	42.79	1.04	46.09	1.27	49.39	1.52	52.68	1.78	55.98	2.06	59.28	2.36	62.58	2.68	65.88				
80		27.80	0.71	43.57	0.93	46.84	1.16	50.17	1.42	53.47	1.69	56.77	1.97	60.07	2.27	63.37	2.59	66.66	2.93	69.96	3.28	73.26	3.65	76.56
100		35.81	0.87	51.59	1.13	54.88	1.41	58.18	1.71	61.48	2.02	64.78	2.34	68.08	2.69	71.38	3.05	74.68	3.43	77.97	3.82	81.27	4.23	84.57
125		43.98	1.04	59.75	1.35	63.05	1.66	66.35	2.00	69.65	2.35	72.95	2.72	76.25	3.11	79.55	3.51	82.84	3.93	86.14	4.37	89.44	4.82	92.74
150		51.84	1.21	67.61	1.55	70.91	1.91	74.20	2.28	77.50	2.68	80.80	3.09	84.10	3.52	87.40	3.96	90.70	4.42	94.00	4.90	97.30	5.59	100.59

注：①计算式同无缝钢管：

(a)V 体积(m³)$=100×\pi×(D+\partial+\partial×3.3\%)×(\partial+\partial×3.3\%)$

(b)S 面积(m²)$=100×\pi×(D+2\partial+2\partial×5\%)×(\partial+2d_1+3d_2)$

D：管道外径；∂：保温层厚度；d_1：用于捆扎保温材料的金属线直径或钢带厚度[取定16#线$2d_1=0.0032$]；d_2：防潮层厚度[取定 350 克油毡纸$3d_2=0.005$]；3.3%、5%：保温材料允许超厚系数。系根据国标[GBJ—235—82]和部标[HGJ—215—80]标准；绝热层厚度允许偏差：≤5%~8%加权平均取定。

②公称直径≥200mm 焊接钢管绝热、刷油、除锈工程量计算，执行无缝钢管相应规格工程量计算表。

国统一预算定额第八册中所包括的支架数量、规范中规定的散热器托钩数量，分别乘以标准图中的单个重量汇总相加计算。支架除锈工程量以 kg 计算。

2）支架刷油计算，根据支架安装位置（室内明装，支架刷底漆和面层漆；地沟、管井暗装，支架刷底层漆，不刷面层漆）、刷油种类和遍数不同，分别以 kg 计算。刷底层漆与除锈工程量相同，刷面层为室内支架明装工程量。

（15）散热器除锈刷油计算：

1）铸铁散热器除锈刷油工程量按下式计算：

$$S = n \times s \qquad (m^2)$$

式中　S——散热器除锈刷油总面积　　m^2；

　　　n——散热器总片数，片；

　　　s——每片散热器的散热面积，如五柱 813 型 $s=0.37m^2/$片，M132 型 $s=0.24m^2/$片。

2）光排管散热器除锈刷油面积计算，按不同公称直径排管的总长度，联管总长度分别计算，计算方法同管道除锈刷油工程量计算。

（16）水箱除锈与刷油：

水箱除锈、刷油工程量，按水箱外表面积计算，计量单位为 m^2，如果水箱内壁设计要求加强防腐，其工程量计算可按内表面积计算。绝热保护层刷油工程量与保护层工程量相同。

（17）管道保温工程量计算：

管道保温（绝热），根据绝热层的厚度、不同管径的保温管段长度（管道工程量计算时，以标注部分的长度），分别计算绝热体积（m^3）和绝热保护层表面积（计量单位为 m^2）。

焊接钢管不同公称直径每 100m，绝热层厚度 20～70mm 的绝热体积和保护层表面积可查表 3-40；无缝钢管查第十三册定额附录。

（18）水箱保温（绝热）工程量：

水箱绝热工程量计算，根据水箱规格、绝热层厚度分别计算绝热体积（m^3）和保护层表面积（计量单位为 m^2）。

三、室内给排水工程的分项和工程量计算

给排水工程的基本任务，满足用户在生活、生产、消防中对水质、水量、水压的一定要求，并把上述用户产生的污水连同雨水加以处理和排除。

给排水工程分为室外给排水和室内给排水两大类。室外给排水工程又分为城镇给排水和庭院给排水。城镇给排水，即整个城镇的给水管网，包括取水、净水、输配水工程；排水管网及污水处理工程等。庭院给水管道是接城镇给水管网，经庭院（如一个居民小区、一个工厂、一个单位）引入室内，供用户使用；庭院排水是将室内污水经局部处理（如处理生活污水的化粪池、食堂污水的隔油池、锅炉房污水的降温池及有关工厂的中和池等）后通过庭院排水管网排入城镇污水主管道，经污水处理厂处理后排入水体。

室内给水系统，是在保证需要压力的情况下，将水输送到安装在室内各处的配水龙头、用水设备和消防设施等处。其水源是从庭院给水管道接入的。室内排水系统，是将建筑物内卫生器具或车间内生产设备排出来的污水或废水，通过室内排水管道排到庭院排水管道经局部处理后，排入城镇主排水管道。

（一）分项工程的划分

在全面阅读熟悉室内给排水工程施工图的基础上，根据施工图纸的内容和说明，室内给排水工程的分项工程项目一般可划分为：

（1）镀锌钢管安装。

（2）承插式铸铁排水管安装。

（3）管道支架制作与安装。

（4）给水管道消毒、冲洗。

（5）消火栓安装。

（6）阀门安装。

（7）水表组成与安装。

（8）卫生器具安装。

（9）给水水箱制作与安装。

（10）管道除锈、刷油。

（11）支架除锈、刷油。

（12）水箱除锈、刷油。

（13）管道绝热保温。

（14）水箱绝热保温。

（二）工程量计算

单位给排水工程的工程量计算，须按工程量计算规则、定额的规定及计算方法进行。

1．界线划分

（1）给水管道：

1）室内外界线以建筑物外墙皮 1.5m 处为界，入口处设有阀门者，以阀门为界。

2）与市政管道界线以水表井为界，无水表井者，以与市政管道碰头点为界。

（2）排水管道：

1）室内外以出户第一个检查井为界。

2）室外管道与市政管道界线以室外管道与市政管道碰头点为界。

2．工程量计算规则及方法

（1）管道安装，除以下三种管道外，其余与室内采暖管道计算规则及方法相同。

1）室内外给水铸铁管安装，其接头零件（如三通、弯头、异径管、不与阀门连接的法兰短管等）所需人工，安装费用已包括，但接头零件价格应计入管道安装主材费中（未计价主材费）。所以，接头零件按设计数量以"个"计算。

2）铸铁排水管、雨水管及塑料排水管均包括管卡及吊托支架、臭气帽、雨水漏斗制作安装，但未包括铸铁雨水管接头零件及雨水斗本身的价格，其接头零件和雨水斗应计入主材费中，按设计用量以"个"计算；塑料排水管管件（接头零件）安装的人工费已包括，但管件的本身价格应计入主材费中，按定额含量以"个"计算。

3）雨水管和雨水管与排水管合用时，应分别计算雨水管和排水管工程量（即分别执行管道安装工程的雨水管和排水管定额相应项目）。

室内排水管道安装，应按管材种类、连接方法、管径大小分别以延长米为单位计算，均不扣除接头零件所占长度，但管件除上述未包括外，其余在定额中均作了综合考虑，不应单独计算。

（2）栓类阀门安装：

1）室内消火栓，以"组"为计量单位。水枪、水龙带及附件，按设计规定用量另行计算。室内消火栓的水龙带长度，以20m为准；超过20m时，可按设计规定调整，其它不变〔即定额基价中的计价材料费增加超过部分的水龙带预算价格，基价（单价）中也应相应增加该部分费用〕；室内成品消火栓以"套"为计量单位，执行地区补充定额。

室外消火栓，根据地上式（甲、乙型）、地下式（甲、乙、丙型）分别计算。

室内消火栓，根据出口形式（单、双出口）、公称直径和成品消火栓分别计算。

2）消防水泵接合器安装，定额按成套产品以"组"为计量单位。如设计要求用短管时，可另行计算其本身价值，并列入主材费中。

消防水泵结合器，根据地上、地下和墙壁式、公称直径分别计算。

3）各种阀门安装计算同采暖工程，但镀锌钢管中螺纹连接的阀门，根据公称直径，分别以"个"为计量单位，执行地区补充定额（统一定额中，螺纹阀门安装，是黑铁活接头，而镀锌管道中是镀锌活接头，镀锌与黑铁活接头存在价差）或统一定额进行换算，即用同公称直径的镀锌活接头的预算价格减去黑铁活接头的预算价格，价差计入定额辅材费中，同时计入定额单价中。各种螺纹水表节点中的阀门，工程量计算时不再统计（螺纹水表安装中，定额内已包括1个同公称直径的闸阀），以免重复计算；法兰水表节点中的法兰止回阀、法兰闸阀及法兰安装也不应再计算工程量，因为法兰水表定额中已包括了法兰止回阀、闸阀及法兰安装的费用及其主材费；坐式大便器、立式小便器中的角阀，已分别包括在瓷坐便器低水箱（带全部铜活内）和立式小便器铜活内，角阀不能另计阀门安装定额和主材费，即工程量计算中不包括角阀。

（3）低压器具水表组成与安装：

1）减压器、疏水器计算同采暖工程。

2）螺纹与法兰水表安装，分别以"个"和"组"为计量单位。法兰水表定额中的旁通管及止回阀，如与设计规定的安装形式不同时，阀门与止回阀可按设计规定调整，其余不变。

工程量计算时，应根据水表种类、规格、公称直径和连接形式分别计算。

（4）卫生器具制作安装：

现行统一定额中卫生器具安装项目，是按全国通用标准《给排水标准图集》和北京建筑设计院《建筑设备施工安装图册》（一）有关标准图施工。除定额注明者外，均不得任意调整。在计算工程量时，应遵守计算规则和计算范围。

1）卫生器具成组安装，以"组"为计量单位。定额中已按标准图综合了卫生器具与给水、排水管连接的人工和材料用量，不得另行计算。例如：蹲式大便器安装定额范围，给水包括由水箱入口两短节与横管连接处；排水包括到大便器出口存水弯与横管连接处（立管除外），定额中已包括的给水短节、排水存水弯均不得计算管道工程量。阀门冲洗的蹲式大便器，给水在定额中已包括由横管与冲洗管分界处和大便器相接的阀门及冲洗管道，不得另计工程量，排水管与蹲式大便器计算范围相同；坐式大便器定额范围是给水包括两节短管至横管连接处，排水则为器具出水口处；倒便器安装定额中，每套包括$DN25$镀锌钢管0.3m，$DN32$镀锌钢管0.5m，还包括冲洗螺纹截止阀J11T-16$DN25$一个，排水管连接算止混凝土墩面，包括钢板底板。工程量计算时不得重复计算；小便器定额中包括一节短管及阀门，排水管连接处计算标高为楼层、地平；洗脸盆定额范围内包括给水、排水所需配管长度、各种水嘴（水龙头），均不得重复计算。

2）浴盆安装定额包括了连接水嘴的短节、水嘴及存水弯，均不得重复计算。不包括浴盆四周侧面砌砖及磁砖镶贴和支座。

3）大便槽自动冲洗水箱器安装，定额内包括了水箱托架的工程量，不得另行计算。

4）蒸气——水加热器安装，定额内不包括支架制作安装以及阀门、疏水器安装，应另行计算。

5）冷热水混合器安装，定额内不包括支架制作安装及阀门安装，应按设计另行计算。

6）水龙头工程量计算，是指盥洗槽、拖布盆、洗菜池、洗米池、与软管连接等处的水龙头，按公称直径、种类分别以"个"计算。这些槽、盆、池等处的排水栓（洗米池为地漏），按公称直径、材质、是否带存水弯，分别以"组"（地漏为"个"）计算；槽、盆、池的施工安装，属于土建工程，执行地区土建预算定额。

7）小便槽冲洗管制作安装，定额内不包括阀门安装，应按设计另行计算；其槽内排水管接口处按相应规格的地漏以"个"计算。

8）容积式水加热器安装，定额内不包括安全阀、保温、刷油与基础砌筑，应按设计用量和相应定额另行计算。

（5）给水水箱制作安装、管道、支架、水箱除锈、刷油、防腐、绝热（支架除外）等的工程量计算，可参见室内采暖工程。铸铁管道除锈、刷油、防腐可按同管径的焊接钢管的面积计算公式计算，即使用表3-40中的数据，但铸铁管道承插接口的承口（管袖）直径增大、与卫生器具连接的存水弯等处的管道工程量计算时未包括，以及有关管件的表面积增加等，因此，铸铁管道的除锈、刷油、防腐面积按焊接钢管计算后再乘以1.2的系数。

四、电气照明工程的分项和工程量计算

室内电气照明工程简称为室内电照工程。设置电照工程的目的是满足建筑内的视觉照明和气氛照明。视觉照明，即人为创造良好的光照条件，使人眼睛即无困难又无损伤地、舒适而高效地识别所观察的对象，以便从事相应的各项活动；气氛照明是利用光照的方向性和层次性等特点渲染建筑的功能，采用不同的型式和大小的灯具烘托环境气氛，配合相应的辅助设施创造各种奇妙的光环境。

（一）分项工程划分

在全面熟悉施工图纸、图例的基础上，根据施工图的内容及其文字说明、工程量计量单位（自然即物理计量单位），一般电照工程（视觉照明系统）的分项工程项目划分如下：

（1）进户线横担安装。

（2）照明总配电箱及层配电箱安装。

（3）灯具安装：

1）普通灯具安装。

2）荧光灯具安装。

3）工厂灯具安装。

4）医院灯及艺术花灯安装。

5）路灯安装。

（4）开关按钮安装。

（5）插座安装。

（6）安全变压器、电铃、风扇安装。

（7）电管敷设。

（8）配线工程。

（9）接地极制作安装。

（10）接地母线敷设。

（11）低压配电系统调试。

（12）接地装置调试等。

（二）工程量计算

1. 进户线横担计算

根据横担埋设形式（一端埋设、两端埋设）和敷线根数（二、四、六线）分别以"根"计算。横担安装定额内已包括金具及绝缘子（瓷瓶）安装人工，但绝缘子及金具的材料费应另行计算。

2. 照明总配电箱及层配电箱计算

根据配电箱型号及在系统中所处的位置，分别以"台"计算。定额内未包括接线端子，接线端子根据焊铜、压铝及导线截面不同，分别以"个"另行计算。

3. 灯具安装计算

（1）普通灯具安装分为吸顶灯和其它普通灯具安装两类。圆球和半圆球吸顶灯以灯罩直径分规格、方型吸顶灯以灯罩形式（矩形罩、大口方罩、两联方罩、四联方罩）不同分别以"套"计算；其它普通灯具以灯具名称（如软线吊灯、吊链灯、防水吊灯等等）分别计算工程量。软线吊灯定额中（统一定额第二册）漏掉吊线盒，应另外计算（若地区价目表中已补正，不再另计），节日彩灯安装可套用软线吊灯定额，但不得再计算吊线盒价格。

（2）荧光灯具安装包括组装型和成套型两类。组装型分为吊链式、吊管式、吸顶式、嵌入式四种；成套型分为吊链式、吊管式、吸顶式三种。各种荧光灯具安装均以单、双、三管分规格，以"套"为单位计算工程量。成套灯具及灯管均系未计价值材料，应另行计算。组装型吊管式荧光灯的电线管、法兰座按灯具带有考虑。定额第二册中成套型吊链式荧光灯安装（单、双、三管）均漏计吊盒和吊链，每10套灯具安装应补吊盒20.4个、吊链30.3m。地区价目表中已改正的，不再另计。

（3）工厂灯具安装分为防水防尘和工厂吊灯以及其它灯具安装，均以安装方式、名称分别以"套"计算。

（4）医院灯及艺术花灯计算，医院灯具按名称，以"套"计算。艺术花灯安装分吊灯和吸顶灯两类。吊灯以三头、五头、七头、九头、十五头、三十六头、四十八头华灯为规格计算；吸顶灯只有九头晶片组合灯。均以"套"为单位计算。艺术花灯引下线已包括在灯具的成套价格内，不再另行计算。

（5）路灯安装计算，大马路弯灯按臂长以"套"计算；庭院路灯按三头和七头以下两种柱灯以"套"计算。支架制作及导线架设工程量另计。

各种照明灯具的安装工程量，应区别灯具的种类、型号、规格，以"套"为计量单位计算；灯具安装定额适用范围见地区价目表第二册；各式灯具安装定额中均已包括支架安装，但不包括支架制作，应另外计算；各类灯具的引线，除注明者外，均已综合考虑在定额的计价材料费内，使用时不作换算；路灯、投光灯、碘钨灯、氙气灯、烟囱及水塔指示灯，均已考虑了高空作业因素；其它灯具，安装高度如超过5m，则应按定额第二册中规定的超高系数另行计算；定额内已包括利用摇表测量绝缘及一般灯具的试亮工作，但不包括调试工作。

4. 开关按钮计算

拉线开关明装、板把开关明、暗装均以"套"计算；板式暗开关按单、双、三、四联，分别以"套"计算；一般按钮以明、暗装分别以"套"计算。

5. 插座计算

按插座名称、规格分别以"套"计算。插座的固定螺栓按插座本身带有考虑。插座盒执行开关盒的安装定额。即根据暗开关（插座）的型号、个数，确定开关盒的数量。

6. 安全变压器、电铃、风扇计算

变压器按容量（伏安）分别以"台"计算。电铃按直径（共有100、200、300mm以内三个规格）、电铃号牌数（共有10、20、30以内三个规格）均以"套"为单位计算。风扇按吊扇、壁扇分别以"台"计算。风扇调速开关和吊钩安装均已包括在定额内，不应重复计算。安全变压器定额中包括了支架安装，但未包括支架制作，应另计算制作工程量。

7. 电管敷设计算

各种电管敷设应按不同配管方式（明配或暗配）、安装部位、管子材质、规格以"延长米"为单位计算。不扣除管路中间的接线箱（盒）、灯头盒、开关盒等所占的长度；定额中未包括钢索架设及拉紧装置、接线箱（盒）、支架的制作安装，其工程量另行计算。接线箱分别以明、暗装及其半周长、按个计算。接线盒区分其明、暗装及类型，按个计算。

吊顶（顶棚）内配管按明配管工程量计算。

8. 配线工程计算

主要计算管内穿线、绝缘子、槽板配线、塑料护套线明敷设等工程量。

（1）管内穿线，管内穿线分照明线路和动力线路，按不同导线的截面，按单线延长米计算。线路的分支接头线的长度已综合考虑在定额内，不再计算接头长度。

导线截面超过4mm²以上的照明线路，按动力穿线计算。

相同截面的导线管内穿线工程量计算式如下：

管内穿线长度＝（配管长度＋预留长度）×管内穿线根数

（2）绝缘子配线，按鼓形、针式、蝶式绝缘子和配线部位及导线截面不同，分别以单线延长米计算。

（3）槽板配线，应区别木槽板、塑料槽板配线和二线、三线式线路，按延长米计算。

（4）塑料护套线明敷设，按沿木结构、砖混、钢索、砖混结构粘接，区分二芯或三芯按不同导线截面分别以延长米计算。

（5）接线盒工程量计算，配管工程中的管子长度超过下列长度时，中间应加接线盒：

1）管子长度超过45m无弯曲时；

2）管子长度超过30m中间有一处弯曲时；

3）管子长度超过20m中间有两处弯曲时；

4）管子长度超过12m中间有三处弯曲时；

9. 接地极制安计算

按钢管、角钢、圆钢、铜板、钢板分普通和坚土，以"根"或"块"计算。

10. 接地母线敷设

接地母线一般采用镀锌扁钢或镀锌圆钢制作。其工程量按施工图设计长度另加3％，附加长度（指转弯、绕障碍、搭接所占长度），分户内、外接地母线敷设，以延长米计算。

11. 低压配电系统调试计算

即送配电系统调试，适用于各种供电回路（包括照明供电回路）的系统调试。凡供电回路中没有仪表、继电器、电器开关等调试元件的（不包括刀闸开关、保险器），均作为调试系统计算。

12. 接地装置调试计算

独立的接地装置以"组"计算。接地极无论是一根或两根以上的，均作一次调试，如果接地电阻达不到要求时，再打一根接地极，再作试验，应另计一次调试费。

五、室内采暖、给排水及电气工程预算书的编制

室内采暖、给排水及电气工程均属于建筑设备工程。这些单位工程施工图预算书是根据国家颁发的现行统一预算定额、各地区价目表和有关规定，按照工程预算编制程序编制的。它是确定建筑设备工程预算造价、报送有关上级及建设单位会审和审批的经济文件，也是施工企业进行内部经济核算的经济基础资料。

（一）工程预算表格

为了适应工程预算编制的需要，满足工程预算书的要求，建筑设备工程预算书的表格各地区不尽一致，但基本上有以下几种：

1. 工程量汇总表

以单位安装工程计算书计算出的工程量，注意区分采暖、给排水工程设置于管道间、管廊内的管道、阀门、法兰、支架及其有关除锈、刷油、绝热工程量，按预算定额或价目表规定的项目名称、规格型号、计量单位、数量、分工程性质和定额子目顺序进行汇总，以便套用定额单价（基价）。

2. 封面

封面即工程预算书的首页，一般在封面上标注有工程预算书编号、建设单位、施工单位、工程名称、工程造价、编制单位及负责人、主编、审核、预算负责人及他们的预算证编号以及编制日期等。

3. 编制说明

工程预算书编制说明，主要对该工程预算编制的依据、工程范围、未纳入工程预算的诸因素及处理办法等问题的说明。

4. 工程预算表

工程预算表即预算明细表，表头一般标有单位工程名称、页数（共×页、第×页）以及预算定额或价目表所需项目的详细内容。例如定额编号、项目名称及规格、单位、数量、基价（包括其中人工费、材料费、机械费）、合价（包括其中人工费、材料费、机械费的合价）、主材费栏目内标有：单位、数量、单价、合价等。

5. 主要材料汇总表

该表是便于建设单位向施工单位提供主要材料指标或实物，以及施工企业控制工程用料之用。

6. 材料计划明细表

此表是施工企业备料和领料的依据，也是材料分析的成果。材料分析即编制工程预算时，根据定额中所列主要材料品种、数量，计算出各分项工程所需的材料种类和数量。

（二）套用预算定额单价

工程计算汇总完成后，经反复检查及有关负责人复核后，即可进行套用预算定额单价的工作。

1. 抄写工程量

（1）把工程量汇总表中的分项工程名称、数量抄进预算表相应栏内。

（2）把价目表或预算定额中的有关分项工程的定额编号（或单位估价表编号）与计量单位分别抄进预算表的相应栏内。

（3）填写工程预算表中的表头。表头中的工程名称一般按施工图中所标明的填写，如室内采暖工程、给排水工程、电照工程等。

2. 抄写预算定额单价

抄写定额单价，即将预算定额或价目表中的有关分项工程的预算单价，在抄写定额编号和计量单位的同时，抄进预算表相应分项工程的单价栏内。抄写时必须注意区分定额中，哪些定额子目单价可以直接套用（绝大部分可直接套用），因而可以直接抄进工程预算表；哪些必须经过换算或补充，才能抄进预算表。

一个单位工程的各分项工程，根据施工图设计要求划分，如果与价目表中的相应定额子目完全相同，或者虽然有些不同，但不允许换算者，都可以直接套用定额中的预算单价，并抄入预算表，作为计算价格的依据。

抄写预算定额单价时，应同时把其中的人工费、材料费、机械费抄进工程预算表中相应分项工程的人工费、材料费、机械费单价栏内，并据此计算出人工、材料、机械费合价，以便执行地区动态管理文件调整、取费计算及进行工程预算校核合价小计用。

3. 抄写主材单价

主材单价，即未计价值材料的单价，主要是指各种管材、型钢、钢板、阀门、暖卫设备、保温材料、电管、电线、配电箱、各种灯具、灯泡等［价目表中的未计价值材料在每章前有专门说明，统一定额中（ ）内的材料为未计价值材料，使用地区单位估价表编制预算，则主材费已计入计价材料费内］。

主材单价在预算表中是按以下两种情况处理：

（1）全部按地区预算价格进入预算（建设单位供料时），即按地区建筑工程材料预算价格把相应的分项工程的主要单价抄进预算表主材单价栏内，或建设单位不供主材时，最后再计算主材差价。

（2）全部按市场价格，即把市场的主材单价抄进预算表相应分项工程的主材单价栏内，据此计算主材合价。这是建设单位不供主材，最后不再计算主材差价的一种处理办法。

4. 调整定额单价

室内采暖、给排水工程设置于管道间、管廊内的管道、阀门、法兰、支架及其除锈、刷油、绝热等，其定额人工乘以 1.3，即相应的定额单价也要进行调整。

在实际工程中，有些是材料品种不同，有些是材料规格不同，例如螺纹阀门安装，定额中是黑铁活接头，适用于焊接钢管的采暖管道中的螺纹阀门安装，镀锌钢管中的螺纹阀门安装，使用的是镀锌活接头，这就需要进行镀锌与黑铁活接头的换算，定额允许换算材料单价的方法是：从预算定额单价中减去不需使用的材料价格（材料数量不变）再加上施工图中要求使用的材料的预算价格。

一般计算公式是：

预算单价调整数＝（施工图中要求使用的材料预算价格－定额中不需使用的材料价格）
×定额中规定的材料数量

上式中，如果计算的调整数为正数，定额基价、计价材料费均应调增；如为负数，均应调减。

（三）计算合价、人工、材料、机械、主材费及其它费用

在预算表中抄好单价及工程量以后，即可进行计算工作。具体计算方法及取费程序详见本节安装工程施工图预算编制步骤及表3-37。

第四章　建筑工程造价的结算与决算

第一节　建筑安装工程价款的结算

一、工程预付款

工程开工前，为了确保工程施工正常进行，建设单位应按照合同规定，向施工单位提供一定数额预先支付的工程款，主要用于备料和搭设临时设施以及其他施工准备工作等。这种预先支付的款额，叫做工程预付款。凡未签订承包合同或不具备施工条件的工程，发包单位不得支付工程预付款。承包单位收取工程预付款后，两个月内不开工，开户建设银行可根据工程承包合同的约定，从承包方的帐户中收回预付工程款；发包单位无故不按合同规定付给工程预付款，开户银行也可根据工程承包合同的约定，从发包单位帐户中付出工程预付款。

（一）工程预付款的预付金额

工程预付款的预付金额，一般是以备料款的形式计收的。可按式（4-1）计算。

$$\text{工程预付款金额} = \frac{\text{工程造价} \times \text{材料费占比重}}{\text{合同工期}} \times \text{材料储备天数} \qquad (4-1)$$

式中，材料储备天数可近似按公式（4-2）计算：

$$\text{某材料的储备天数} = \frac{\text{经常储备量} + \text{安全储备量}}{\text{平均日需用量}} \qquad (4-2)$$

计算出各种材料的储备天数后，取其中最大值，作为工程预付款金额公式中的材料储备天数。在实际工作中，为简化计算，工程预付款金额，可用工程总造价乘以预付工程款额度求得。即：

$$\text{工程预付款的金额} = \text{工程总造价} \times \text{工程预付款额度} \qquad (4-3)$$

式中，工程预付额度，是根据各地区工程类别，施工工期以及供应条件来确定的。一般为工程总造价的 25% 左右。

（二）工程预付款的扣还

当工程进展到一定阶段，需要储备的材料越来越少，建设单位应将工程预付款逐渐从工程进度款中收回，并在工程竣工结算前全部收回，为此，工程预付的扣还应解决以下两个问题：

1. 工程预付款的起扣造价

工程预付款的起扣造价是指工程预付款起扣时的工程造价。也就是说工程进行到什么时候，就应该起扣工程预付款。应该说当未完工程所需要的材料费，正好等于工程预付款时，开始起扣。即：

$$\text{未完工程材料费} = \text{工程预付款}$$

$$未完工程材料费 = 未完工程造价 \times 材料费占比重$$

$$未完工程造价 = \frac{工程预付款}{材料费占比重} \qquad (4-4)$$

$$工程预付款起扣造价 = 工程总造价 - 未完工程造价$$

2. 工程预付款的起扣时间

工程预付款的起扣时间是指工程起扣时的工程进度，按式（4-5）计算：

$$工程预付款的起扣进度 = \frac{工程预付款的起扣造价}{工程总造价} \times 100\% \qquad (4-5)$$

二、工程进度款的结算方式

我国现行建筑安装工程价款的结算方式主要有以下几种：

（一）按月结算方式

按月结算，是实行每月末结算当月实际完成工程任务的总费用，月初支付，竣工后清算的结算方式；也可以是月初或月中预付，月终按实结算，竣工后清算的结算方式。

（二）竣工后一次结算方式

竣工后一次结算，是实行每月预支工程价款，竣工后一次清算的结算方式。这种结算方式只适用于工程项目建设期在一年以内，或工程承包合同价值在 100 万元以下的工程。

（三）分段结算方式

分段结算，是指当年不能竣工的工程项目，可以按照工程的形象进度，划分为不同的阶段，采用按月结算方式支付或预付工程价款，分段进行清算。如某工程：

（1）工程开工后，按合同造价预付 30%；

（2）工程基础完成后，按合同价预付 40%；

（3）工程主体完成后，按合同价预付 25%；

（4）工程竣工后，按合同价支付 5%。

实行竣工后一次结算和分段结算方式的工程，当年结算的工程款应与年度完成的实际工程任务的价值一致，年终不另清算。

三、工程进度款的拨付

工程进度款是指建设单位按照工程施工进度和合同规定，按时向施工单位支付的工程价款。工程进度款的拨付，一般是月初支付上期完成的工程进度款，此工程进度款的数额应等于施工图预算中所完成分项工程的全部费用之和。当工程进度款支付的总额达到扣还工程预付款的起扣造价时，就要从每期工程进度款中减去应扣的数额。按公式（4-6）计算：

本期应支付的工程进度款数额 = 本期完成分项工程费用总和 - 本期费用中的材料费

$$\qquad (4-6)$$

【例 4-1】 某土建单位工程的预算造价为 1000 万元，材料费比重占 62.5%，每月完成工程费用总和如下表所示。试计算该工程的工程预付款额和工程进度款的拨付。

完成任务情况 单位：万元

一月	二月	三月	四月
180	220	350	250

【解】

$$工程预付款额 = 1000 \times 25\% = 250(万元)$$

$$未完工程造价 = \frac{250}{62.5\%} = 400(万元)$$

$$工程预付款的起扣造价 = 1000 - 400 = 600(万元)$$

每月工程进度款按以下数额支付：

一月：180 万元

二月：220 万元

三月：$200 + 150 - 150 \times 62.5\% = 350 - 93.75 = 256.25$ 万元

四月：$250(1 - 62.5\%) = 93.75$ 万元

第二节 设备、工器具和其它基建费用的结算

一、国产设备、工器具和其它基建费用的结算

国产设备、工器具的定购费用，建设单位一般不预付定金，但对于制造周期在半年以上的大型设备，建设单位应按合同分期付款。建设单位收到设备、工器具后，应按合同规定及时结算付款。如果资金不足延期付款，则要支付一定的赔偿金。

其它基建费用由于内容繁多而零散，又缺乏完整的价格依据，所有结算费用灵活性和伸缩性较大。建设单位在结算这类费用时，应在经办建设银行的监督下，严格控制财务支出计划和概预算规定的指标并根据需要逐项检查和审核。

二、进口设备、材料的结算

进口设备及材料价款的结算，一般采用出口信贷的形式进行。出口信贷按其借款的对象可分为卖方信贷和买方信贷两种。

（一）卖方信贷

是卖方将产品赊销给买方，并规定买方在规定时期内付款或按指定时间分期付款。卖方通过本国银行申请出口信贷，来填补占用的资金。其过程如图 4-1 所示。

采用卖方信贷的方式进行结算时，一般在签订合同后，便预付 10% 定金，最后一批设备装运后，预付 10%，全部货物到达目的地验收质量保证后，再付 10%，剩余的 70% 货款，应在规定的若干年内一次或分期付清。

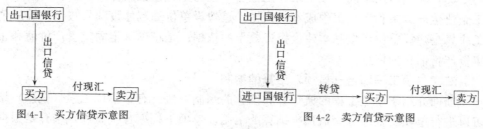

图 4-1 买方信贷示意图　　　　图 4-2 卖方信贷示意图

（二）买方信贷

买方信贷有两种形式：

第一种形式：由产品出口国银行把出口信贷直接贷给买方，买方再按现汇付款条件付给卖方。此后，买方分期向卖方银行偿还贷款的本息。其过程如图 4-1 所示。

第二种形式：由出口国银行把出口信贷给进口国银行，再由进口国银行转贷给买方，买方用现汇支付卖方。此后，买方通过进口国银行分期向出口国银行偿还贷款的本息。其过程如图 4-2 所示。

第三节 竣工结算与竣工决算

一、工程项目的竣工结算与竣工决算

（一）工程竣工结算

在单位工程施工中，由于设计图纸变更或现场签证，而导致施工图预算的变更和调整，工程竣工时，最后一次的施工图调整预算，便是单位工程的竣工结算。

将各个单位工程的竣工结算按单项工程归并汇总，即可得到该单项工程综合竣工结算。再将各个单项工程的综合竣工结算归并汇总，便得到整个建设项目的竣工结算价值。

工程竣工结算一般是由施工单位编制，建设单位审核同意后，按合同规定签章认可。最后，通过建设银行办理工程价款的竣工结算。

工程竣工结算的主要作用是：

（1）工程竣工结算生效后，是施工企业核算生产成果和考核工程成本的依据；

（2）工程竣工结算生效后，施工单位与建设单位可通过建设银行办理工程价款结算，完成双方的合同关系和经济责任。

（3）工程竣工结算生效后，建设单位可以此为依据，编制建设项目的竣工决算进行投资效果分析。

（二）工程竣工结算与竣工决算的关系

建设项目竣工决算是以工程竣工结算为基础进行编制的。它是在整个建设项目竣工结算的基础上，加上从筹建开始到工程全部竣工，有关基本建设的其它工程和费用支出，便构成了建设项目竣工决算的主体。它们的区别就在于以下几个方面：

（1）编制单位不同：竣工结算是由施工单位编制的，而竣工决算是由建设单位编制的。

（2）编制范围不同：竣工结算主要是针对单位工程编制的，每个单位工程竣工后，便可以进行编制，而竣工决算是针对建设项目编制的，必须在整个建设项目全部竣工后，才可以进行编制。

（3）编制作用不同：竣工结算是建设单位与施工单位结算工程价款的依据；是核对施工企业生产成果和考核工程成本的依据；是建设单位编制建设项目竣工决算的依据。而竣工决算是建设单位考核基本建设投资效果的依据；是正确确定固定资产价值和正确计算固定资产折旧费的依据。

二、单项工程综合（概预）结算的编制

前面介绍了单位工程的概预算和结算的编制方法，有了单位工程（概预）结算后，便可以进行单项工程综合（概预）结算的编制。单项工程综合（概预）结算是根据单项工程中各专业的单位工程（概预）结算和工器具家具购置费用汇总而成的。

单项工程综合（概预）结算的内容，一般应包括编制说明和综合（概预）结算表格。

（一）单项工程综合（概预）结算的编制说明

单项工程（概预）结算编制说明应包括以下内容：

（1）编制依据；

（2）编制方法；

（3）主要材料及主要设备的数量；

（4）其它有关问题的说明。

（二）单项工程综合（概预）结算表格

单项工程综合（概预）结算表格是按照国家统一规定的格式进行设计的。

表 4-1 是某工厂机械装配车间的综合（概预）结算表，从中可以看出一个单项工程综合（概预）结算表的格式和内容。

建设单位：××机械厂

单项工程：机械装配车间　　　综 合（概 预）结 算 表　　　表 4-1

序号	单位工程和费用名称	（概预）结算价值　　　万元					技术经济指标 元/m²			占总投资 %
		建筑工程费	设备购置费	设备安装费	工器具购置费	其他工程和费用	合计单位	数量单位	造价	
一	建筑工程	262.00								
（一）	土建工程									
（二）	给排水工程									
（三）	通风工程									
（四）	工业管道工程									
（五）	设备基础工程									
（六）	电气照明工程									
	：									
二	设备及安装工程									
（一）	机械设备及安装									
（二）	动力设备及安装									
	：									
	：									
	总计									

三、建设项目总概预算和竣工决算的编制

建设项目总概预算和竣工决算是根据其所包括的各单项工程综合概预算或综合竣工结算及建设工程的其它工程和费用的概预算或结算汇总编制而成的。

建设项目总概预算和竣工决算的内容，一般应包括编制说明、总概预算表或决算表、投资项目性质分析表和投资项目费用构成分析表等内容。

（一）编制说明

其内容包括：

1. 工程概况

说明建设项目的规模、建设地点、建设条件、期限、产量、品种等主要情况。

2. 编制依据

说明采用的设计图纸、概预算定额、本地区的材料预算价格、取费标准依据有关动态调价文件等编制依据。

3. 编制方法

如果是编制总概算，要说明是采用概算指标编制的，还是采用类似工程预算法编制的；如果是编制总预算或竣工决算，要说明是采用什么预算定额和费用定额（又称间接费定额）以及有关造价文件编制的。

4. 建设项目的投资项目性质分析

投资项目性质分析是分析各种性质项目投资占总投资的比例。如果分析结果显示主要生产项目投资比例最大，则说明能更好地发挥建设项目的生产作用，投资规划合理，设计方案经济。

5. 建设项目的投资构成分析

投资构成分析是分析各项投资费用占总投资的比例。如果分析结果显示其设备购置费占的比例最大，则说明这项投资活动形成社会生产能力最大，投资构成合理，企业效益好。

6. 技术经济指标分析

技术指标分析是分析单位产品的投资，即说明建筑产品的每平方米造价和设备的每吨造价等技术经济指标。

7. 主要材料和设备的数量

（二）建设项目总概预算或竣工决算的表格

为了便于投资分析，总概预算和竣工决算表格中的项目三大部分：

第一部分，是工程项目费用。它包括主要生产项目、辅助生产项目、公共设施项目以及生活福利和文化教育等工程项目。

第二部分，是其他工程和费用的项目

第三部分，是预备费。编制建设项目竣工决算时，没有此部分费用。如公式（4-7）所示。

$$建设项目总概预算造价 = 第一部分费用 + 第二部分费用 + 预备费$$

$$建设项目竣工决算造价 = 第一部分费用 + 第二部分费用 \qquad (4-7)$$

编制竣工决算时，如果项目建成后，有部分资金可以回收，则在竣工决算造价中应冲减这部分回收资金。表 4-2、表 4-3 和表 4-4 分别为建设项目总概预算或竣工决算表和建设项目投资构成分析表以及投资项目性质分析表。

建设项目总概预算或竣工决算表 表 4-2

建设单位：××合成氨厂

序号	工程项目或费用	建筑工程（概预算）或竣工决算价值（万元）						技术经济指标			占总投资 %
		建筑工程费	设备安装费	设备购置费	工器具购置费	其他工程和费用	合计	单位	数量	单位造价	
一	第一部分费用	623.55	443.45	1376.67	23.38		2467.05				84.80
（一）	主要生产项目	189.49	293.08	1050.18	20.00		1552.75	t	5000	3105.50	53.37
	1.……										
	2.……										
（二）	辅助生产项目	79.79	1.82	50.95	3.38		135.94				4.67
	1.……										
	2.……										
（三）	公共设施项目	106.23	148.55	275.54			530.32				18.23
	1.……										

126

序号	工程项目或费用	建筑工程（概预算）或竣工决算价值（万元）						技术经济指标			占总投资 %
		建筑工程费	设备安装费	设备购置费	工器具购置费	其他工程和费用	合计	单位	数量	单位造价	
（四）	2.…… 生活福利项目 1.…… 2.……	248.04					248.04	m²	4238	585.28	8.53
二	第二部分费用					303.84	303.84				10.44
（一）	征地费					75.00	75.00				2.58
（二）	:					:	:				
:	:					:	:				
:	其他费用					228.84	228.84				7.86
三	预备费（竣工决算无预备费）					138.54	138.54				4.76
	总概预算或决算	623.55	443.45	1376.67	23.38	442.38 或303.84	2909.43 或2770.89				
	占总投资比例%	21.43	15.24	47.32	0.8	15.21 或 10.97	100				100

投资构成分析表　　　　　　　　　　　表 4-3

序号	费　用　名　称	投　资（万　元）	占总投资比例　%
1	建筑工程费	623.55	21.43
2	设备安装费	443.45	15.24
3	设备购置费	1376.67	47.32
4	工器具家具购置费	23.38	0.80
5	其他工程和费用	442.38（概预算） 或303.84（决算）	15.21（概预算） 或10.97（决算）
	总计	2909.43 或2770.89	100 100

投资项目性质分析表　　　　　　　　　　　表 4-4

序号	工程和费用名称	投资（万元）	占总投资比例　%
一	第一部分费用	2467.05	84.80
1	主要生产项目和辅助生产项目	1688.69	58.04
2	公共设施项目	530.32	18.23
3	生活、福利、文化、教育等项目	248.04	8.55
二	第二部分费用	303.84	10.44
三	预备费	138.54（决算无此费）	4.76
	总概预算或决算价值	2909.43 或2770.89	100

四、建筑工程（概预）结算的审核

（一）建筑工程（概预）结算审核的目的

审核建筑工程（概预）结算的目的，是为了提高（概预）结算的编制质量，使建筑工程（概预）结算造价准确而完整地反映建筑产品实际价格。有利于国家或部门对基本建设投资规模的控制与管理。审核建筑工程（概预）结算的实际作用有：

1. 有利于合理确定工程造价，提高投资效益认真审核（概预）结算正确确定建筑工程造价，可以使国家或部门对基本建设资金做到合理分配和合理投向。充分发挥投资效益，促进我国社会主义现代化建设的发展。

2. 有利于对基本建设进行科学地管理和监督

通过对建筑工程（概预）结算的审核，可以为基本建设提供所需要的人、财、物等方面的可靠数据。国家根据这些正确数据就能正确地实施基本建设拨款、贷款、计划、统计和成本核算以及制定合理的技术经济考核指标。从而提高对基本建设的科学管理与监督。

3. 有利于建筑市场的合理竞争

经过审核的（概预）结算，提供了正确的工程造价和主要材料及设备的需要数量。为建设项目的招标与投标奠定了基础。并能以此提出合理的标底价，促进建设项目大包干和建筑市场的合理竞争。

4. 有利于促进施工企业提高经营管理水平

通过对建筑工程（概预）结算的审核，核实了工程造价，确定了用工、用料的数量，这就正确确定了施工企业的货币收入。如果由于（概预）结算编制漏项或单价套低而少算，就会直接影响施工企业的货币收入和经济效益；如果由于（概预）结算编制重项或单价套高而多算，使施工企业轻而易举的取得较多的收益，不费力地完成降低成本的任务，而忽视管理水平的再提高，这就会造成并掩盖企业的浪费现象。加强建筑工程（概预）结算的审核后，就能堵塞这些漏洞，促使企业认真采取降低成本的措施加强经济核算，提高经营管理水平。

（二）建筑工程（概预）结算的审核方法

建筑工程概预结算审核的主要方法有：

1. 全面审核法

全面审核法就是按照施工图要求，结合现行定额、施工组织设计或施工方案、承包合同或协议书以及有关造价计算的规定和文件，全面的审核工程量、定额单价以及费用计算等。这种审核方法与编制单位工程（概预）结算的方法和过程基本相同。全面审核法的主要优点是：全面细致，审查质量高，效果好。但工作量大，花费时间长。因此，全面审核法多用于小而简单的工程。

2. 重点审核法

重点审核法就是抓住工程（概预）结算中的重点，进行审核的方法。采用重点审核法审核工程（概预）结算时，首先应弄清什么是工程（概预）结算的审核重点？现就一般情况介绍如下：

（1）工程量大而且费用高的分项工程的工程量是审核的重点。

为此，一般土建工程的砌体工程、混凝土及钢筋混凝土工程以及基础工程等分项工程的工程量是审核的重点；高层结构工程的基础工程、主体结构工程以及内外装饰工程等分项工程的工程量都是审核重点。

（2）工程量大而且费用高的分项工程的定额单价是审核的重点。

对于工程量大而且费用高的分项工程的定额单价，应着重审核定额所综合的工程内容与设计图纸要求的内容是否相符？不相符者是否进行过换算？换算的方法是否正确？定额单价选套是否合理？有无高套或低套单价的现象？等。

（3）补充定额单价是审核重点。

补充定额一般是由（概预）结算编制单位自行编制的，它代表编制单位的思想和意愿。因此，审核（概预）结算时，必须对补充定额单价逐一审查。审查其编制的依据和方法是否符合有关规定；材料用量和材料预算价格组成是否齐全和准确；人工工日单价和机械台班单价的确定是否合理。

（4）各项费用的计取是审核的重点。

单位工程各项费用的计取与工程规模、承包方式以及承包企业的资质等有着密切关系。当地造价管理部门均规定了上述几方面不同情况的差别费率和计费方法。但是，有些施工企业编制（概预）结算时，有意无意地混淆上述区别，高套费率。因此，审核各项费用时，应首先审核取费的依据，即：结构类别、企业资质、承包方式；然后，审核各项费用的取费基础和费率是否与之对应。

（5）市场采购材料的差价是审核的重点。

由于市场采购材料价格浮动幅度较大，致使市材差价在工程造价中占有较大比重。为了准确地审定（概预）结算造价，应根据各地区造价管理部门定期发布的市场采购材料的信息价格，严格审查市场采购材料的市场价格，准确计算市场采购材料的价差。

3. 对比审核法（多用于审核概算）

在同一地区或同一城市内，如果单位工程的用途、结构和建筑标准都一样时，它们的概预算造价也应基本相同。尤其对采用标准图施工的单位工程更是如此。即使会因施工地点和建造时间的不同而有所差异。但仍可利用对比方法，对比出它们之间的造价差别。具体作法如下：

（1）把已审核的同类型工程概预算分解为直接费和间接费两部分。再把直接费按分部工程分解，并算出它们的每平方米费用。

（2）把拟审工程的概预算造价，先与已审定的同类型工程的概预算造价进行对比如果出入不大，就可以认为拟审工程的概预算问题不大。超过或少于已审定的同类型工程概预算造价3％以上时，则应将拟审工程的直接费按分部工程进行分解，并与已审定的工程逐一对比，找出差异较大的分部工程，进行重点审核。具体方法详见重点审核法。

（三）建筑工程（概预）结算的审核内容

审核工程（概预）结算，是落实工程造价的一个有力措施。审定的工程竣工结算又是施工单位与建设单位办理结算工程价款的重要依据。

试行单位工程施工图预算包干的工程，除规定应调整的包干系数内容外，均以审定的施工图预算包干。不试行施工图预算包干的工程，工程价款的结算，是在施工图预算的基础上，附加经济签证的增减帐。因此，审核单位工程竣工结算又是审核单位工程施工图预算的延续。其审核的内容一般如下：

1. 工程量审核

无论是重点审核法还是对比审核法，其工程量的审核，可按照以下原则选择应审核的分项工程。

（1）审核工程量计算规则容易混淆的分项工程。

对工程量计算规则容易混淆的分项工程，应根据分项工程的工程量计算规则进行审核。如定额对某些分项工程的工程量计算，指定了哪些部位是其计算范围，哪些部位不属其计算范围时，则应按规则审核其计算范围是否正确。如：现浇钢筋混凝土柱的高度，计算规则规定：有梁板下柱的计算高度，是从基础扩大的上表面算至有梁板的上表面；无梁板下柱的计算高度，是从基础扩大面的上表面，算至柱帽或柱托的下表面。有些编制人员把这两种柱的高度均算至板的上表面。显然，无梁板下柱的工程量算大了。

（2）审核定额项目工程内容综合较多的分项工程。

为简化（概预）结算编制工作，各地区造价管理部门在建筑工程预算定额的基础上，归并结合成建筑工程综合概预算定额。它既能用于编制预算又能用于编制概算。因此，选用综合型的概预算定额时，应熟练掌握定额中各分项工程子目所综合的工程内容。以防重复列项多计算费用。

如陕西省1993年综合预算定额中，各类基础分项工程的定额子目，除基础本身内容外，还综合了相应的基础土方的挖、运和填土等工程内容。编制（概预）结算时，如果土质情况与定额规定基本相同，就不再列项计算基础土方挖、运和填土等分项工程的工程量。如果土质情况与定额规定不同或需要进行地基处理换土或需要大开挖时，才可以单独计算基础土方的挖、运和填土等分项工程的工程量和费用。凡已单独计算过基础土方挖、运和填土的工程，其基础工程的定额单价应扣减原综合在定额单价中的土方费。否则就是重复计取土方费。参见第七章工程实例。

（3）审核使用范围有限制的分项工程。

定额中有些分项工程是在某些限制范围内方可列项计算工程量的。如建筑物只有在层高大于3.6m时，现浇钢筋混凝土构件才可计算支模超高分项工程；建筑物层高大于3.6m天棚需要装饰时，才可计算满堂架子分项工程。计算了满堂架子分项工程后，天棚装饰分项工程定额单价应扣减原含3.6m以内的简易脚手架摊销费。

（4）审核需要现场核实的分项工程。

对于施工图预算编制说明中或承包合同中，规定竣工后按实结算的一些分项工程，多属于施工单位有意留下的活口。结算时，认真结合现场核实记录审核其工程量。

2. 定额单价审核

定额单价一般应审核以下内容：

（1）审核分项工程定额的名称、规格或型号、工程内容和计量单位。

审核分项工程的名称、规格型号、工程内容以及计量单位等是否与设计图纸的设计要求一致。

如：钢筋混凝土工程，除应注意其构件名称和混凝土等级与设计图规定的要求一致外，还应区别是现浇构件还是预制构件，是矩形断面还是异形断面等；砖墙工程，除应注意其砌筑砂浆等级与设计图规定的等级一致外，还应注意是内墙还是外墙，不同的分项工程名称、规格型号、工程内容和计量单位的定额单价是不同的。

（2）审核换算定额的定额单价。

换算的定额单价必须是按照定额规定进行换算的。有些分项工程定额单价的换算，定额规定只允许换算材料的预算价格和消耗数量，而不允许换算其人工费和机械费；也有些分项工程定额单价的换算，定额规定只允许换算定额的人工费和机械费，而不允许换算定额的材料费。审核换算定额的定额单价时，应审核其单价的换算是否遵循了这些规定。

如：地面贴面砖分项工程，若设计选用的块料规格和品种与定额中的规格品种不同时，定额规定只能换算其块料的消耗数量和相应的材料费用，其人工费和机械费仍按定额标准执行；普通木门窗的定额单价是按照一、二类木种编制的，如果设计所用木种为三、四类，则按定额规定，将定额单价中的人工费乘1.17系数，机械费乘1.13系数，材料费仍按定额执行。如此换算出的定额单价便是三、四类木种普通木门窗的基价。

（3）审核补充定额的单价。

审核补充定额单价的编制依据和编制方法是否正确，所用的材料预算价格、人工工日单价和机械台班单价是否合理等内容。

3. 各项费用计取的审核

建筑工程（概预）结算中各项费用的计取，均应按照各地区的间接费定额（或称取费标准）以及有关造价文件规定的调整系数和取费基础进行计算。为此，审核（概预）结算各项费用计取时，应着重审核取费费率、取费基础及费用的计算方法。

（1）审核取费费率。

单位工程（概预）结算各种费用的计算标准均以费率的形式出现。因此计算费用时，必须对号入座。各项费用费率的高低，有的与工程类别有关，有的与企业属性有关。审核时，应根据工程规模及建筑物总高度，审核其工程类别与所取费率是否相对应；审核其企业属性与所取费率是否相对应。

（2）审核取费基础。

不同单位工程（概预）结算的取费基础也不同。如：土建单位工程（概预）结算造价的取费基础为工程项目直接费，设备安装单位工程及装饰工程的概预结算造价的取费基础为人工费，材料及机械费均不得计取任何费用，只能计取税金。审核取费基础时，应审核其取费基础和计算方法是否正确。

（3）审核适用范围。

单位工程（概预）结算的各种费用中，有些费用的计取是有限制条件的。如：特殊施工技术措施费、远地施工增加费、贷款利息等费用，均有规定的计取条件和方式。审核时，应按规定进行。

第五章　建设工程造价的控制

第一节　建设工程造价控制概述

一、造价控制与造价管理的关系

建设工程项目造价管理包括在批准的预算内完成所必需的诸过程。图 5-1 是这些过程的概况，它反应了造价控制与项目造价管理的关系。

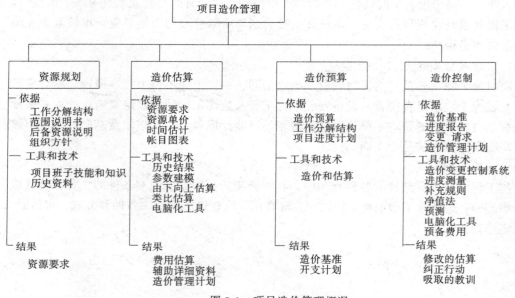

图 5-1　项目造价管理概况

图 5-1 中，资源规划是指确定为完成项目诸活动，要用何种资源（人、设备、材料）以及每种资源的多少；造价估算就是估算完成项目各活动所需资源的费用；造价预算就是将总造价估算分摊到各单件工作上去；造价控制就是要控制项目预算的变更。本章将主要介绍工程建设项目的造价控制。

二、造价控制的基本概念

一个项目的实际工作时间表和所发生的成本总是与原先预计的不同，这是不可避免的，因为精确的预计很难做到。但必须持续系统地监督偏离原定计划的现象，并在必要时采取纠正行动。这就是工程造价的控制。

项目的进度表和预算一般预示开支的金额何时支付和何时达到项目工程进度的某个阶段。例如一个住宅楼建设项目要求在某一天花费 20 万元的费用，完成基础垫层工作，项目管理人员就要确保实现这一目标，发现有偏离的现象，则应及早采取纠正或调整措施。为此，将预计的（预算中的）和实际的项目时间表、成本和工作状况结合起来，建立起造价控制系统就显得很有必要。

应该指出的是，造价控制不仅是造价工程师和会计师的事，项目经理也要予以足够的重视，而且建立一个造价控制报告系统对项目经理来说至关重要。这个系统必须做到及时，还需划分好职责范围，明确这个系统的目的、每人的工作、所涉及的管理层次等等。建立造价控制系统，理想的做法是让预算中的类别同造价控制系统中的类别一致起来。

造价控制的目的是控制成本（改变将来），而不是监督或审计。所以，一个非正规的，甚至误差率为±10%的系统倒要比一套正规精确的帐目来得好，因为非正规记录汇总起来很快，便于控制帐目而不是反过来记录帐目。有效的做法通常是既有一个为会计和审计服务的正规系统，也有一个为项目的造价控制服务的迅速但非正规的系统，这一系统建立在承诺，而不是发票基础之上的。

恰当的造价控制不仅需要及时掌握项目的支出，而且还要衡量工程进度，许多项目在计划中没有明确的可衡量的工作指标。

三、造价控制的内容

造价控制工作，覆盖了一个建设项目从投资决策、规划设计到工程施工的全过程。造价控制的主要内容有包括对造成造价基准变化的因素施加影响、确定造价基准是否已发生变化和当实际发生变化时实施管理。造价控制的具体工作包括：监督造价实施情况，找出同计划的偏差；确保所有有关变更都准确地记录在造价基准中；阻止不正确、不适宜或未核准的变更纳入造价基准中；将核准的变更通知有关利害关系者。

造价控制包括查找出正负偏差的原因。该过程必须要同其它控制过程（范围变更控制、时间控制、质量控制）紧密地结合起来。例如对造价的偏差采取不适当的应对措施可能会造成质量或进度方面的问题，或以后引起项目中无法接受的风险。

四、造价控制的依据

造价控制的依据主要包括费用基准（如概预算定额、概算指标等）、工程项目进度报告（工程进度和成本支出进度）、变更请求（如批准的设计变更等）和费用管理计划。

五、造价控制的步骤

造成建设工程项目成本超支的原因主要是由于估算不当或不准确、通货膨胀导致人工或材料价格上涨、造价管理部门控制欠佳、设计变更、意外事故或灾害以及决策失误等。因此，实施造价控制首先要准确地估算成本，之后编制成本计划和预算，对成本支出情况实施监督。非常有效的一种方法是，定期地依据成本的原始资料，重新估算已完工程的成本并将之与实际支出的成本进行比较，当出现差异时，可以考虑修改预算或者改变费用估算的基准，使成本得到及时的调整。以建设项目的施工过程说明造价控制的步骤如下：

（1）将项目工作适当地按其主要工程和财务特征以及工作合同分成细目。例如对于施工过程可以分为施工现场的准备工作（场地平整、进出道路、围墙、雨水排灌等）、地下设施（排水管道、废水处理等）、地面设施（变电所、锅炉房、煤气调压站等）、建筑物（基础、上部结构、装修、建筑设备等）、工艺设施（设备安装等）、装卸和运输设备、行政管理（工资、临时办公建筑、办公用具和家具、电话、水电照明等）、专业费用（咨询顾问、设计工程师等）、组织和监督方面的业务开支。

（2）采用关键线路法（网络图）或同特征的施工进度表来编制预计的工程建造和工厂

安装的具体时间表。在预计的财务时间表中，安排平行于主要专项工程的付款计划，并说明每个主要专项工程的预计支付时间表。

（3）设立一个项目控制办公机构来监督检查工程进度和支出。

（4）编制用线条代表工程进度的栏式表格，反映每月工程状况汇总报告。表格要包括原定计划和时间表中的每个主要项目。其中，应反映主要的预算信息（包括预算估计数、经批准的变化即项目成本增减值、截止日期的支出额和承诺额、在报告期结束时对应完成的每项工作所需费用的重新估计、超出估计和低于估计的数字。另外，绘制工程进度形象图，可用三条线来说明工程进度，以一条线表示原先估计的每项主要工作的开始和完成日期，再紧贴上线画一条线表示各项工作的实际开始日期和截止报告日已完成的百分比，在第二条线下再画第三条线，表明该项工作的完成的重新估计日期。

（5）上一步所说的报告通常是每两周或每月编制一次，业主和项目经理收到报告后，应在一起开会审查工程进度，看看需要采取哪些措施来进行纠正和作出变动。

六、造价控制的工具和技术

1. 计算机管理信息系统及 PERT 技术

与工程成本控制有关的信息包括成本计划信息（如成本总额，各子项、各阶段、各时间段等的计划成本分配数据）、成本支出情况信息（指已经支出的各种费用，按子项、阶段、时间等分类、汇总）、项目的任务量及已经完成的任务情况信息（如各工种工程的计划任务数量和实际完成的数量、尚未完成的数量等）和环境信息（包括其它同类工程项目的经验数据、建筑市场和建筑材料市场信息、当前市场状况和预测数据等）。要对这些信息及时有效的收集、存储、加工处理以及使用，如果不借助于现代化的计算机及管理信息系统技术是很难做到的。

对项目的进度和成本实行联合控制是目前工程项目管理中的一项重要工作。以网络计划为基础，将成本与进度联系起来对项目进行有效的管理与控制，使项目管理人员能够清楚地了解施工到什么阶段，就应该发生相应的成本费用，如果成本与进度不对应，就可以作为"不正常"的现象进行分析，以便及时找出原因并加以纠正。

2. 净值法

净值法是一种测量项目费用实施情况的方法。此方法将已做了计划的工作同已实际完成的工作比较，确定进度是否符合计划要求。净值法就是计算几个关键值：

（1）期间预算（也叫计划工作的预算费用 BCWS）就是安排在某一给定期间进行的活动（或一部分活动）批准的费用估算（包括所有管理费分摊）之和。

（2）实际费用（也叫已完成工作的实际费用 ACWP）是在某给定期间内完成工作时开支的总费用（直接的和间接的）。

（3）已完工作（也叫已完工作预算费用 BCWP）就是在某给定期间完成的活动（或一部分活动）批准的费用估算（包括所有的管理费分摊）之和。

（4）费用偏差（BCWP－ACWP）和费用实施指数（BCWP/ACWP）可以测量工作是否按照计划进行。

3. 成本预测

由于一个建筑工程项目往往要持续几年的时间，在这个过程中由于通货膨胀的影响造成人工及材料价格的上涨是不可避免的。因此，进行切实可信的成本预测也是成本控制的重要手段。进行成本预测，可根据已发生的各项资金收入和支出的数据，按滚动计划方式进行。按照工程规模的大小，近期计划可按月编制、中期计划可按季度编制、远期计划可按年编制，计划随工程项目的进展而滚动，以使预测更加接近实际。根据以往的工程实践，成本预测除须参考成本核算数据外，还要考虑计划成本中预计的工资和物价上涨因素、意外的风险后备金和经济风险后备金。

七、造价控制结果

（1）修改的估算。修改的估算就是对用于管理项目的费用资料所做的修正。必要时，必须通知有关的利害关系者。修改的估算可能要求、也可能不要求对整体项目计划的其它方面进行调整。预算更新是一种特殊类型的修改估算。预算更新就是批准费用基准的改变。这些数字一般只在范围变更之后才做修改。

（2）纠正行动。为了将项目未来预期的费用实施情况控制在项目计划范围内而采取的所有行动都称纠正行动。

（3）吸取的教训。偏差的原因，所选纠正行动的理由以及从费用控制吸取的其它形式的教训都应形成文件，做为本项目以及实施组织其它项目历史数据库的组成部分。

第二节 投资决策阶段的造价控制

一、投资决策阶段控制造价的意义

建设项目决策阶段控制造价有着十分重要的意义。首先，投资决策阶段控制造价，是正确确定建设项目计划投资数额的关键，对项目投资者正确控制投资目标值具有重大意义。不论是什么类型的建设项目，其前期工作的核心是编制符合实际的投资估算值，正确控制投资估算值，对于控制项目初步设计概算、实现投资者预期的投资效果有着重大的影响。

相对于建设项目的其它后续工作来说，投资决策阶段控制造价，对建设项目经济效果好坏的影响最大。因此投资决策阶段的造价控制，对整个建设项目来说，节约投资的可能性最大。也就是说，节约投资的可能性随着建设项目的进展而不断地减少。图5-2所示的两条曲线，就说明了投资决策阶段造价控制对节约投资、提高项目建设经济效益的重要性。从图中可以看出，在项目的投资决策阶段，所需投入的准备费用只占项目总投资一个很小的比例（曲线Ⅰ的斜率最小），但影响一个建设项目经济性的可能性最大（曲线Ⅱ的斜率最大）。从图5-3更可以清楚地看出，投资决策阶段（建设前期）控制造价对项目经济性的影响高达95%～100%。

此外，投资决策阶段控制造价，可以为投资者进行项目投资决策提供可靠的依据。在我国工程项目的建设过程中，前期可行性研究阶段投资估算，实际上为投资者确定了项目投资的计划数，是其进行项目投资决策的重要依据。

二、投资决策阶段影响工程造价的主要因素

建设项目的工程造价主要由土地费用、建筑安装工程费用和有关税费组成。从这个角度出发，我们不难看出在投资决策阶段影响工程造价的主要因素有以下几个方面。

1. 建设项目所处地区的选择

由于各地经济发展水平存在着较大的差异，其土地、劳动力和建筑材料的价格也就存在着较大的差别。例如，在京沪穗这样的经济发达城市和经济特区，土地和劳动力的价格

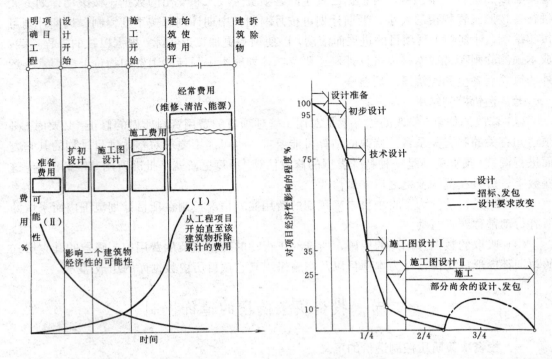

图 5-2 建设项目各阶段节约投资可能性曲线图　　图 5-3 建设项目各阶段对项目经济性影响程度图

要大大高于石家庄、郑州这样的内陆城市，更远远高于银川、贵阳这样的经济不发达城市。即使在同一地区，城市也要大大高于郊区和农村地区。因此，如果不考虑产出的因素，或者说建设项目所处地区的选择不影响或很少影响建设项目所生产的产品的价格（包括运输成本），则选择土地、劳动力和建筑材料价格低廉的地区进行建设就能有效地减少投资。

2. 建设项目所处位置的选择

建设项目所处的位置，同样对项目工程造价有着重大的影响。很显然，在城市中心区建设不仅土地投资会占项目总投资较大的比重，而且施工的费用也会比城市次中心区或郊区大大增加。举例来说，北京王府井地区的开发建设项目不仅地价是亚运村地区的数倍，而且由于场地狭窄、施工车辆只能在晚上 8 时至 10 时进入施工现场、施工扰民等因素的存在，其施工的难度和费用较之亚运村地区大大增加。从更微观的角度来讲，项目所处位置的周围交通环境、项目用地临街和临路情况也对项目工程造价产生较大的影响。当然，这不是说为了降低工程造价，大家都把项目建设到郊区或农村去，而是要在同样的市场环境条件下，尽可能选择好的建设地段。

3. 建设项目标准的确定

五星级酒店的造价要高出三星级酒店 50% 左右，高级公寓的造价是普通住宅造价的一倍以上。这都说明建设项目的建造标准对其造价有着巨大的影响。为了有效地减少投资，控制工程造价，必须根据项目所处的市场环境，确定合乎实际的建造标准。标准过高或过低都会造成投资的浪费。

4. 建筑规划设计方案的选定

投资决策阶段建设项目规划设计方案的选定，对工程造价也有很大影响。很显然，一个建设项目是高层低密度还是多层高密度，是用钢结构、框架剪力墙结构还是用钢筋混凝土结构或砖混结构，不仅对施工方案有重大的影响，对整个项目的工程造价也起着决定性的作用。

5. 主要设备选用

工业建设项目中设备的投资往往要超出建筑安装工程的投资，这已经是人所共知的常识。其实，在现代城市建设中，智慧型办公大楼或酒店项目的设备费用往往也十分高昂。在满足使用功能和不增加设备使用过程中费用的前提下，如何对项目建设过程中使用的主要机械设备依据其性能价格比进行有效的选择异常重要。

三、投资决策阶段造价控制的措施

（1）各主管部门应根据国家的统一规定，结合专业特点，对投资估算的准确度、设计任务书的深度和投资估算的编制办法作出具体明确的规定。

（2）报批的建设项目设计任务书的投资估算必须经有资信的咨询单位提出评估意见。大中型建设项目必须经中国国际工程咨询公司或其委托单位提出评估意见。

（3）投资主管单位在审批设计任务书时要认真审查估算，既要防止漏项少算，又要防止高估多算。

四、建设项目设计阶段投资估算方法

在没有设计文件的时候，投资额是估算出来的。投资估算一般是指在项目决策之前的规划和研究阶段中对建设项目工程费用进行的预测和估算。

（一）扩大指标估算方法

扩大指标估算法适用于建设项目规划性估算、项目建议书估算、其他临时性的投资估算等。可套用已有类似企业的实际投资指标进行估算。这些实际投资指标是对大量积累的投资数据，经过科学系统的分析后取得的，这类方法通常有四种。

1. 单位生产能力投资估算法

单位生产能力投资是建设项目的投资额除以生产能力求得的。

例如，某采矿工程年产量为 160 万 t，投资 12000 万元。现在要新建一座类似采矿企业，年产量 200 万 t。问其估算投资应为多少？

对此拟建项目的估算投资计算为：

$$\frac{12000}{160} \times 200 = 15000（万元）$$

这是一种线性估算法，估算结果精度较差。使用时一定要注意已建设项目与拟建项目的可比性，其他条件也应相似，还要注意对估算结果进行必要的调整，因为完全相似的建设项目是不多的。

2. 生产能力指数估算法（0.6 指数法）

有时，生产能力不同的两个同类企业，其投资与生产能力之比的指数幂成正比，其表达式为

$$I_2 = I_1 \left(\frac{X_2}{X_1} \right)^n \tag{5-1}$$

式中　　X_1——类似企业的生产能力（已知）；

　　　　X_2——拟建项目的生产能力（已知）；

I_1——类似企业的固定资产投资额（已知）；

I_2——拟建项目的固定资产投资额（未知）；

n——生产能力指数。当主要靠增加设备或装置容量扩大生产规模时，$n=0.6\sim$ 0.7；如果用增加相同设备或装置扩大生产规模时，$n=0.8\sim1.0$；一般在 0.6 左右。

这种方法比单位生产能力投资估算法精确，但必须根据大量的建设项目统计资料把 n 求出来。根据某些化工项目的统计资料，n 的平均值大约在 0.6 左右。如 n 为 0.6 时，产量 增加 1 倍，投资增加到 $2^{0.6}\approx1.5$ 倍。

3. 比例估算法

这种方法是，先根据统计资料求出同类型企业主要设备投资占全厂固定资产投资的比 例，然后再估算出拟建项目的主要设备投资，即可按比例求出拟建项目的固定资产投资。计 算公式为：

$$I = \frac{1}{K}\sum_{i=1}^{n}Q_iP_i \tag{5-2}$$

式中 I——拟建项目的固定资产投资；

K——主要设备投资占拟建项目固定资产投资的%；

n——拟建项目的设备种类；

Q_i——第 i 种设备的数量；

P_i——第 i 种设备的到厂单价。

例如，已知同类型工厂的主要设备投资占基建总投资的 40%，设备总量 7000t，每 t 平 均单价为 5000 元，则全厂基建投资计算为：

$$I = \frac{7000 \times 5000}{40\%} = 8750（万元）$$

4. 工程系数估算法

工程系数估算法的步骤是：

（1）按现行设备价格计算设备投资；

（2）设备投资乘以设备安装费系数得设备安装费；

（3）设备与设备安装费之和分别乘以建筑与公用设施投资系数、控制仪表投资系数，求 得建筑及公用设施投资和控制系统投资；

（4）将以上各项投资加总，乘以工程建设其他费用投资系数，得其他费用投资；

（5）汇总求出总投资。

各项系数按表 5-1 选用。

工 程 系 数 表　　　　　　　　　　　　表 5-1

费用系数名称	计 算 基 数	系 数
一、设备安装费系数	设备投资	0.4~0.45
二、建筑及公用设施投资系数	设备费+设备安装费	
1. 露天生产		0.1~0.3
2. 半露天生产		0.2~0.6
3. 室内生产	设备费+设备安装费	0.6~1.0
三、控制仪器仪表投资系数		

费用系数名称	计 算 基 数	系　数
1. 没有自动控制的		0.03～0.05
2. 部分自动控制的		0.05～0.12
3. 广泛采用自动控制的		0.12～0.20
四、工程建设其他费用投资系数	设备费＋设备安装费＋建筑及公用设施投资＋控制仪器仪表投资	0.15

（二）工程建设概算指标估算法

概算指标用整座构筑物、每百 m² 建筑面积、每千 m³ 建筑体积为单位，规定人工、材料、机械、设备消耗量及造价，可用于可行性研究对投资进行估算。

国内一般项目的投资估算按投资构成逐项进行，然后汇总。

固定资产投资的估算顺序是：工程费用→其他基本建设费用→预备费用（不可预见费）。

1. 工程费用的估算

工程费用是直接构成固定资产的项目费用。包括：主要生产工程项目，辅助生产工程项目，公用工程项目，服务性工程项目，生活福利设施及厂外工程项目的费用。工程费用又可分为建筑工程费用、设备购置费用、安装工程费用。

（1）建筑工程费用包括直接费、间接费、计划利润和税金；

直接费包括人工费、材料费、施工机械使用费和其他直接费。可按建筑工程量和当地建筑工程概算综合指标计算。

间接费包括施工管理费和其他间接费。一般以直接费为基础，乘以费率算得。

计算利润以建筑工程的直接费与间接费之和为基数，按规定的费率计取。

税金包括营业税、城市维护建设税和教育费附加，按规定费率取费。

（2）设备购置费：

设置购置费包括需要安装和不需要安装的全部设备、工具、器具及生产用家具购置费等。

$$设备购置费 = 设备原价 \times (1 + 设备运杂费) \tag{5-3}$$

其中设备运杂费包括设备成套公司的成套服务费

$$工具、器具及生产家具购置费 = 设备购置费 \times 费率 \tag{5-4}$$

（3）安装工程费：

安装工程费包括设备及室内外管线安装等费用，由直接费、间接费、计划利润和税金组成。直接费按每吨设备，每只设备或占设备原价的百分比估算。间接费按间接费率计算。计划利润以安装工程的直接费与间接费之和为基数，按一定的费率计取。税金亦按规定费率计取。

2. 其他基本建设费用的估算

土地征用费按当地人民政府的有关规定计算。居民迁移费按当地人民政府的有关规定计算。旧有工程拆除和补偿费按实际估算。建设单位管理费以单项工程费用为基数，按照工程项目的不同规模分别制定费率计算。生产筹备费包括生产筹备人员费用和投产前进厂人员费用。生产职工培训费可根据规划的培训人员数、培训方法、时间，按职工培训费定额估算。办公和生活家具购置费按有关定额计算。联合试运转费可以单项工程费总和或第一部分工程费用为基数，按照工程项目的不同规模，分别规定的试运转费率计算，或以试运转费的总金额包干使用。场区绿化费按实估算。研究试验费按照可行性研究方案提出的研究试验内容和要求进行估算。勘察设计费按国家计委颁发的勘察设计收费标准和有关规定进行编制。供电贴费按国家计委批转水利电力部关于供电工程收取贴费的暂行规定执行。施工机构迁移费指经有关部门批准成建制地由原住地转移到另一地区发生的一次性搬迁费用，按建筑安装工程费用的百分比或类似工程经验估算。维修费按实估算。

3. 预备费用的估算

预备费用以单项工程费用总计或以工程费用和工程建设其他费用之和为基数，按照规定的预备费率计算。施工图预算包干系数，以直接费和间接费之和为基数计算。预备费中应考虑设备、材料价格的浮动因素以及其他影响造价变动的因素。差价预备费应在总预备费中单独列出，按不同的设备和材料的价格指数，结合工程特点、建设期限等综合计算。在施工过程中由于设备、材料价格变动和设计修改等因素影响工程造价增加的费用，也应在预备费中考虑。

第三节　建设项目设计阶段的造价控制

一、设计对工程造价的影响

工程项目设计是应用现代科学技术知识，将经济与社会因素融合在一起，从项目系统的整个寿命周期出发，采用多学科知识综合的方法，并且利用计算机等先进的科学技术手段，达到整体项目目标优化的目的。因此，工程项目的设计方法影响项目整体目标的效果。从本章图5-2和图5-3中可以看出，设计阶段对工程造价的影响和降低工程造价的可能性仅次于投资决策阶段。

二、设计阶段控制造价的主要方法

（一）采用标准设计

标准设计是指按照国家规定的现行标准规范，对各种建筑、结构和构配件等编制的具有重复使用性质的整套技术文件，是经主管部门审查、批准后颁发的全国、部门或地方通用的设计。

标准设计的种类很多，有一个工厂全厂的标准设计（如火电厂、造纸厂、纺织厂等），有一个车间或某个单项工程的标准设计，有市政基础设施工程（如供水、桥梁等）的标准设计，也有某些建筑物（如住宅等）、构筑物（如冷却塔等）的标准设计，还有建筑工程某些部位的构配件或零部件（如梁、板等）的标准设计。此外，标准设计从管理权限和适用范围来讲，可以分为国家标准设计（国标）、部颁标准设计（部标）以及省、自治区、直辖市标准设计（地方标准）。

采用标准设计要求：对重复建造的建筑类型及生产能力相同的企业、单独的房屋和构筑物应尽量采用标准设计或通用设计；对不同用途和要求的建筑物，按照统一的建筑模数、建筑标准、设计规范和技术规定等进行设计；当整个房屋或构筑物不能定型化时，则应把其中重复出现的部分，在构配件标准化的基础上定型化；建筑物和构筑物的柱网、层高及其它构件尺寸的统一化；建筑物采用的构配件在基本满足使用要求和修建条件的前提下，尽可能地具有通用互换性。

由于标准化设计是在经过大量调查研究，反复总结生产、建设实践经验和吸取科研成果的基础上制定出来的，因此，在建设项目中积极采用标准化设计具有以下的意义和作用：

(1) 有利于提高设计效率、减少重复劳动、缩短设计周期、提高设计质量；

(2) 便于采用和推广行之有效的新技术、新成果；

(3) 便于贯彻执行各项技术经济政策和各种标准规范及制度；

(4) 可以进行机械化、工业化生产，提高劳动生产率，缩短建设周期，保证建设质量；

(5) 有利于节约建筑材料，降低工程造价，提高经济效益。

(二) 推行限额设计

限额设计就是按照批准的可行性研究投资估算，控制初步设计，按照批准的初步设计总概算控制施工图设计，同时各专业在保证达到使用功能的前提下，按分配的投资限额控制设计，并严格控制设计的不合理变更，保证不突破总投资限额的工程设计过程。

1. 限额设计的概念

通过对工程建设项目投资的估算和经济评价，证明项目可行，作出了投资决策，批准了设计任务书。于是，建设项目投资的最高限额便确定了下来。这个投资限额能否框住建设实施阶段的投资支出，对投资控制起到总目标的作用，使项目评价的结论得以实现，这就取决于设计阶段和施工阶段的控制工作效果了。

设计阶段的造价控制，就是既编制出满足设计任务书要求，又受控于决策投资的设计文件。限额设计就是根据这一点要求提出来的。所谓限额设计就是按照设计任务书批准的投资限额进行初步设计，按初步设计概算造价限额进行施工图设计，按施工图预算造价对施工图设计的各专业设计文件作出决策。所以，限额设计实际上是建设项目投资控制系统中的一个重要环节，或称为一项关键措施。在整个的设计过程中，工程设计技术人员和工程设计经济管理人员密切配合，作到技术和经济的统一。技术人员在设计时考虑经济支出，作方案比较，优化设计；经济管理人员及时进行设计造价计算，为技术人员提供信息，达到投资动态控制的目的。

2. 限额设计的过程

限额设计的全过程实际是建设投资目标管理的过程。

(1) 投资分配。

设计任务书获批以后，设计单位在设计之前应在设计任务书的总框架内将投资分配到各单项工程和单位工程，作为进行初步设计的造价控制总目标，也即是最高投资限额。这次分配往往不是只凭设计任务书就能办到的，而是要进行方案设计，在此基础上作出决策。

(2) 限额进行初步设计（或加技术设计）。

初步设计应严格按分配的造价控制目标进行设计。设计基本完成以后做出初步设计概算。然后通过对概算提供的技术经济指标进行技术经济分析，判断其造价是否满足造价限额要求。如不满足，则修改初步设计，直至通过技术经济分析得出结论。造价等于或低于分配的限额，才能报批初步设计。初步设计文件内必须包括初步设计概算文件。初步设计概算造价就是技术设计及修正概算的最高限额。

(3) 施工图设计造价限额。

已批准的初步设计及初步设计概算，无论是建设项目总造价还是单项工程造价，均应作为施工图设计造价的最高限额。还应由设计单位把该限额作为总目标分解到每个单位工程上；继而分解成为各专业设计（土建、水暖、通风、电气、电梯等）的造价控制目标。按照造价控制目标确定施工图设计的构造，选用材料和设备。

（4）施工图设计的造价控制。

进行施工图设计应把握两个标准，一个是质量标准，一个是造价标准，并应做到两者协调一致，相互制约，防止只顾质量而放松经济要求的倾向。当然也不能因为经济上的限制而消极地降低质量。因此，必须在造价限额的前提下优化设计。在设计的过程中，要对设计结果进行技术经济分析，要对每种选型、每个构件、每种材料和设备的选择和决定算经济帐，看是否有利于造价目标的实现。当经过局部技术经济分析证明是可行后，才能作出设计绘图决定。在设计过程中，受委托进行设计监理的单位应派员"参与"。每个单位工程施工图设计完成后，要做出施工图预算，判别是否满足单位工程造价限额要求，如果不满足，应修改施工图设计，直至满足限额要求。施工图设计技术经济分析应由专业设计人员完成。施工图预算应由设计单位的经济管理人员完成，完成后作出是否修改设计的判断，提供设计决策者考虑。只有施工图预算造价满足施工图设计造价限额时，施工图才能定案。

（三）价值分析法用于设计阶段的造价控制

价值分析就是通过对产品功能的分析，以最低的总成本，实现用户所需要的功能，达到提高到经济效益的目的。

这里功能是指效用、性能和作用。设计工作者的任务就是设计出能满足规定要求并且用户满意的必要功能。不必要的功能会使造价提高，投资加大。

公式为

$$V = \frac{F}{C} \tag{5-5}$$

式中　V——价值；

　　　F——功能；

　　　C——寿命周期费用（或成本）。

价值分析中的"C"，可以称成本。在可行性研究和经济评价中就是指寿命周期费用，包括建设费用和使用费用，也可称为一次费用和经济费用。寿命周期费用可以用图 5-4 表示。

图 5-4 是表示寿命周期费用与功能的关系图形。它由一次费用和经常费用组成。一次费用随功能的提高而提高，经常费用随功能的提高而降低。C_{min} 是一个最低费用点，该点所对应的功能就是最佳功能水平。

从公式（5-5）可以看出，价值"V"是一个比值，表示产品的一定功能（或效用）与为获得这种功能所支出的费用（或成本）之比。从图5-4 中可以看出，功能 F' 对应的成本是 C'，要把功能从 F' 提高到 Fopt，就要增加一次费用，

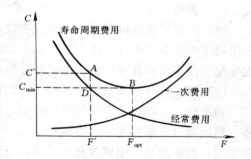

图 5-4　寿命周期费用与功能关系图

但功能的提高又可节省经常费用，其费用总和（B 点的费用），就是最小费用。如何做到这一点呢？就要开展价值分析活动，科学地处理费用与功能的关系。无疑设计工作的任务之

一就是作价值分析。只有处理好 F 和 C 的关系，V 值才能增加。

从公式（5-5）分析，使 V 值提高的途径有五条：

（1）功能提高，成本不变；

（2）功能不变，成本降低；

（3）功能提高，成本降低；

（4）功能稍降，成本大降；

（5）功能大大提高，成本稍有提高。

设计工作要做到提高价值水平，就是要从这五个方面动脑筋、想办法。

实践还告诉我们，提高功能水平，要依靠功能分析，降低成本固然要靠改善加工方法，但更有潜力的是改进设计（见图 5-5 所示）。改进加工方法，只能节省人工费，而占成本大部分的材料费的节约效果并不大。改进设计则可以采用代用材料或少用材料，从而有效地降低加工费用。这就提示我们，必须高度重视设计工作在造价控制中的作用。监理工作者必须把住设计造价控制这个关。

价值分析有三个基本特点：

（1）价值分析的目的是识别并消除非必要的费用；

（2）识别非必要费用的手段是分析产品成本与功能之间的数量关系，从中发现薄弱环节；

（3）消除非必要费用的途径是：修改设计，改变原材料品种、规格和供应来源，采用更合理的工艺流程、生产组织形式及管理方法。

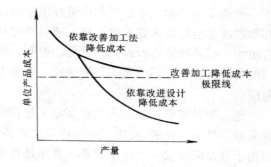

图 5-5　产品成本变化曲线

价值分析工作就是从这三个特点出发，采取特殊的方法，以提高价值为目标展开工作的。设计工作运用价值分析原理进行造价控制，也必须抓住这三个特点。

由于价值分析的对象是价值低、降低成本潜力大的，故工程设计价值分析的对象应以下述内容为重点：

（1）选择数量大，应用面广的构配件。例如外墙、楼板、防水材料、人工地基等。因为它们降低成本的潜力大。

（2）选择成本高的工程和构配件，因为它们改进的潜力大，对产品的价值影响大。

（3）选择结构复杂的工程和构配件，它们有简化的可能性。

（4）选择体积与重量大的工程和构配件，因为它们是节约原材料和改进施工（生产）工艺的重点。

（5）选择对产品功能提高起关键作用的构配件，以期改进后提高功能有显著效果。

（6）选择在使用中维修费用高、耗能量大或使用期的总费用较大的工程和构配件。

（7）选择畅销产品，以保持优势，提高竞争力。

（8）选择在施工（生产）中容易保证质量的工程和构配件。

（9）选择施工（生产）难度大、费材料和工时的工程和构配件。

（10）选择可利用新材料、新设备、新工艺、新结构及在科研上已有先进成果的工程和构配件。

总之，选择的对象或可提高功能，或可降低成本，或有利于价值提高的那些对象。防止忽视价值水平而单独考虑提高功能或单独考虑降低成本，而结果导致价值降低的倾向。对于每项设计任务，应具体对待，不可一概而论。

第四节　建设项目施工阶段的造价控制

一、施工阶段成本控制原理概述

施工项目造价管理是建筑施工企业项目管理系统中的一个子系统，这一系统的具体工作内容包括：成本预测、成本决策、成本计划、成本控制、成本分析和成本检查等。系统中的每一个环节都是相互联系和相互作用的。成本预测是对成本决策的前提，成本计划是成本决策所确定目标的具体化；成本控制则是对成本计划的实施进行监督，保证决策的成本目标的实现；而成本核算又是成本计划是否实现的最后检验，它所提供的成本信息又为下一个施工项目的成本预测和决策提供基础资料；成本考核是实现成本目标责任制的保证和实现决策目标的重要手段。施工项目经理在施工过程中，对所发生的各种成本信息通过有组织、有系统地进行预测、计划、控制、核算和分析等一系列工作，促使施工项目系统内的各种要素，按照一定的目标运行，使施工项目的实际成本能够控制在预定的计划成本范围内。

施工项目成本控制是指项目在施工过程中，对影响施工项目成本的各种因素加强管理，并采取各种有效措施，将施工中实际发生的各种消耗和支出严格控制在成本计划范围内，随时揭示并及时反馈，严格审查各项费用是否符合标准，计算实际成本和计划成本之间的差异并进行分析，消除施工中的损失浪费现象，发现和总结先进经验，通过成本控制，使之最终实现预期的成本目标。

长期以来，人们一直把控制理解为目标值与实际值之间的比较（如计划成本与实际成本比较、计划进度与实际进度比较等），以及当实际偏离目标值时，分析其产生偏差的原因，并确定下一步的对策。在工程项目建设的全过程中实行这样的控制当然是有意义的，但问题在于，这种立足于调查-分析-决策基础上的偏离-纠偏-再偏离-再纠偏的控制方法，只能发现偏离，不能使已产生的偏离消失、不能预防可能发生的偏离，因而只能说是被动控制。

自70年代开始，人们将系统论和控制论的研究成果用于项目管理后，将"控制"立足于事先主动地采取决策措施，通过快速完成"计划—动态跟踪—再计划"这个循环过程，来尽可能地减少、甚至避免实际值与目标值的偏离，这就是主动的、积极的控制方法，因此被称为主动控制。施工项目成本控制的方法很多，但主动式的成本控制主要体现在两个方面，即建立成本管理信息系统和利用网络计划进行成本-进度的联合控制。

二、施工成本控制步骤

与其它制造业不同的是，建筑业的产品大多是单件性的。这种情况给有效的管理控制带来诸多的困难，因为每一个新工程都要由新组成的管理队伍管理；工人流动性大而且是临时招聘的；工地分散在各地，这样往往使公司各工地之间不能进行有效的联络；此外还有多变的气候条件等。所有这些都造成了建筑承包公司不能建立象其它制造业一样的标准成本控制体系。

控制成本是大多数管理人员的明确目标,必须认识到光是纸上谈兵并不能控制成本。归根结底,管理者决定改变某项工作的施工方法以及将其付诸实施的过程都是实现成本控制的行动。成本控制系统的要素有:观测;将观测结果与希望达到的标准相比较;必要时采取改进措施。

成本控制系统应该让管理者能观察当前的成本水平,将其与标准或定额比较,进而制订改正措施将成本控制在允许的范围内。成本控制系统还应有助于发现哪些地方需要采取改正措施以及采取什么样的改正措施。

大多数成本控制系统都有一段较长的反应时间,即使目前最好的控制系统也只能提供上周或上月某些工作的有关资料。由于这些工作一般只是某项具有单件性工程的一部分,故这些信息与目前进行的工作很可能只有部分的关联。因此,能采取改正措施的范围极其有限。例如,控制系统在5月1日显示3月的模板工程成本过高,如果支模工作5月份仍要进行,则管理者会特别注意降低支模成本,但如果支模工作已经完成,则无法采取任何改正措施了。

在下面介绍的常规系统中,有两个基本点很重要。第一,所有成本都必须根据某种编码进行分配,即使这是一种策略的编码方法。如果只监督主要的成本费用,人们肯定会想到浪费的工时会计入未监督的成本项目,管理者因而会受到报告上所谓的"主要项目"所迷惑,认为整个工地状况良好,但实际上却可能在暗中酝酿重大的损失。第二,必须保持一套成本标准,随时与所观测记录下来的实际成本进行比较。

三、目前应用中的成本控制系统

下述系统及其各种变化形式都是建筑施工行业目前常用的成本控制系统。控制系统的选择在一定程度上取决于工程项目的规模及复杂程度,但在更大程度上取决于上级管理层的态度和经验。

1. **按总利润或亏损额控制**

承包商在工程完成后将所获得的工程和材料费、人工费、分包费、设备费及管理费的总和相比较。这些费用一般都是从公司必须记录的财务帐目中摘出。本系统仅适用于工期较短、所需人工和设备较少的小工程,它很少被作为正式的控制系统,因为它所提供的信息只能用来避免全局性失误在以后的工程中再次出现。

2. **按当前日期估算的每个合同的利润或亏损额控制**

将当前累计成本与包括保留金在内的工程估价值相比较。计算时要特别注意计入那些已使用但尚未入帐的材料费,及扣除那些已到工地但尚未使用的材料费。如果记帐凭证时间与已完工作价值的时间不一致,则应作进一步调整。本系统的缺点是不同工作的利润没有进一步分离,故它只指出哪个合同需要管理者引起重视。它不适用于多种重要成本分别摊入各单价中的合同。

3. **按单价控制**

本系统中,各类工作(如搅拌混凝土与浇筑混凝土)的成本是分类记录的。这些成本既是累计成本也是以某一段时间为基础,都除以同期所完成的各项工作量。这样求出的各项工作的单价可与投标书中的单价进行比较。要特别注意保证所有成本都已计入。任何零星成本也都必须统计并用适当的方法计入,如按一定比例分摊在各项已确定的工作上。通常最好还是记录工地上的实际成本并将之与未计及利润和总部管理费时的工程量清单上的单价进行比较。

4. 基于标准成本控制原理的控制

标准成本控制已成功地应用于制造业特别是那些产品品种较少或基本元件较少的公司。标准时间（分）值与每个元件的生产、装配有关，并按照不同操作的小时费率转化为货币值。通过比较产出价值和制造成本就可求出它们的差额，这个差额就是所获得的利润与预算利润的差值。通过适当的观测记录就可能将总差额进一步分析，求出各项细部差异，例如：材料价格、材料用量、人工费率、劳动生产率、固定及可变管理费、产量、销量。但由于建筑产品的单件性，本系统很少直接用于施工行业。然而作为一种备选的方法，已完成工作的价值可以根据其与工程预算之间的各项予以评估，当然工程预算备选反映承包商可望获得支付的工程款额。

该系统的重要特点之一是要计算销售额的变化，这将促使公司把销售方面的职责（市场调研、公共关系、谈判、估算及报价策略）指派给某一个部门。这样，一种不利的变化马上会表示出承揽新工程的水平不充分。

总而言之，建筑施工行业与制造业存在着本质的不同，这可用来解释标准成本计算法在建筑业中应用并不普遍的事实。然而，这种系统从根本上来说还是非常有效的，它为从会议室里进行公司控制转变为下到作业面实施控制提供了综合的方法。

5. PERT 成本控制系统

本系统要求每个工程都要用网络计划表示（PERT＝计划评审技术）。一揽子工作的价值，从本质上说是一系列预估价值的工序。网络计划的定期更新计算提供了该计算的"副产品"，即已完工工作的价值，该价值还可根据成本编码进一步细分，因此，当观测了各类实际成本，按相同编码作了记录，则与计划成本的差额即可求出，为管理决策提供信息。

当工程是按与已完工工作有关的工程量清单估价，而不是按工序估价的话，本系统不能直接应用。由于这个原因，除非工程列出了工序表或作业清单，本系统很少被采用。实际上，该系统仅应用在设计/施工项目中。在这种项目中，承包商可很快以表格形式提交估价文件，因为这类表格就列出了他将要进行的作业。

四、成本控制系统的应用举例

下面以一栋多层写字楼的成本控制系统为例说明上面讨论过的几条主要原理。严格讲，这个例子是一个混合系统，因为一个方法是用来控制人工费和机械费的；而另一个是控制材料费的。本例子只是说明问题，并不代表真实数据，因为一组真实完整的数字会占据本书太多的篇幅。

1. 人工费、机械费和工地管理费

为了减少记帐误差，承包商巧妙地将各种成本分成几类并编码，用以计算各类成本差额。这些成本编码为：

成本编码 10：所有的混凝土搅拌、运输和浇筑（人工费和机械费）；

成本编码 20：所有的模板支设与拆除（人工费和机械费）；

成本编码 30：所有的钢筋绑扎（人工费和机械费）；

成本编码 40：所有的砌砖（人工费和机械费）；

成本编码 50：塔吊；

成本编码60：所有的土方工程（人工费和机械费）；

成本编码70：道路和路面（人工费和机械费）；

成本编码80：工地管理费和开办费。

经过仔细分析，将各种预算开支（不包括总部管理费、利润及成本编码中的各种材料费）分摊到进度计划中的各个工序（为了保证真实地比较预算和实际成本，预算开支应按准确的工程量进行分摊，该工程量应仔细地在施工图中求出并计入各种变更）。

表5-2列出了预算开支的各细目，而图5-6则表示了前76周的进度计划。

实际进度仍按通常的方法记录在进度计划上并用作指导加快工作，成本则按成本编码分类记录。例如在第52周，每个工序已完成的百分比可以从进度报告上求出，该进度报告是以图5-7所示的更新的进度计划表示的。相应的数字也列在表5-3中的最后一列，表5-3的其它列是预算数字与完成百分比的乘积，因此，通过相加各列中数字，就可求出已完工工作的各编码的成本总额。表中每列有分类记录的成本数据以计算成本差额。可以看出，当前已完成工作的成本已超支23400元，这个总超支应归因于各类成本的超支。例如，成本编码30，即钢筋绑扎，有11000元的超支额，这就提醒管理者对钢筋绑扎工作予以特别的关注。

	预算成本						单位：人民币元		表 5-2
活动名称/成本编码	10	20	30	40	50	60	70	80	合计
土方工程						9000		1000	10000
基础	50000	60000	70000					20000	200000
地面	10000	10000	25000					5000	50000
柱	2000	3000	3000					2000	10000
楼面	150000	170000	180000					200000	800000
电梯井	20000	30000	40000					10000	100000
砌砖				130000				30000	160000
窗户及玻璃				20000	10000			10000	40000
屋面	1000	1000	1000		1000			500	4500
内装修				10000	5000			30000	45000
上下水、暖、通风				5000	10000			50000	65000
电气								40000	40000
外部工作							18000	2000	20000
场地清理							9000	1000	10000
预算总价	233000	274000	319000	165000	126000	9000	27000	401500	1554500

合同总价：8000000元

人工费、机械费和工地管理费：1554500元

材料费、总部管理费和分包费：6445500元

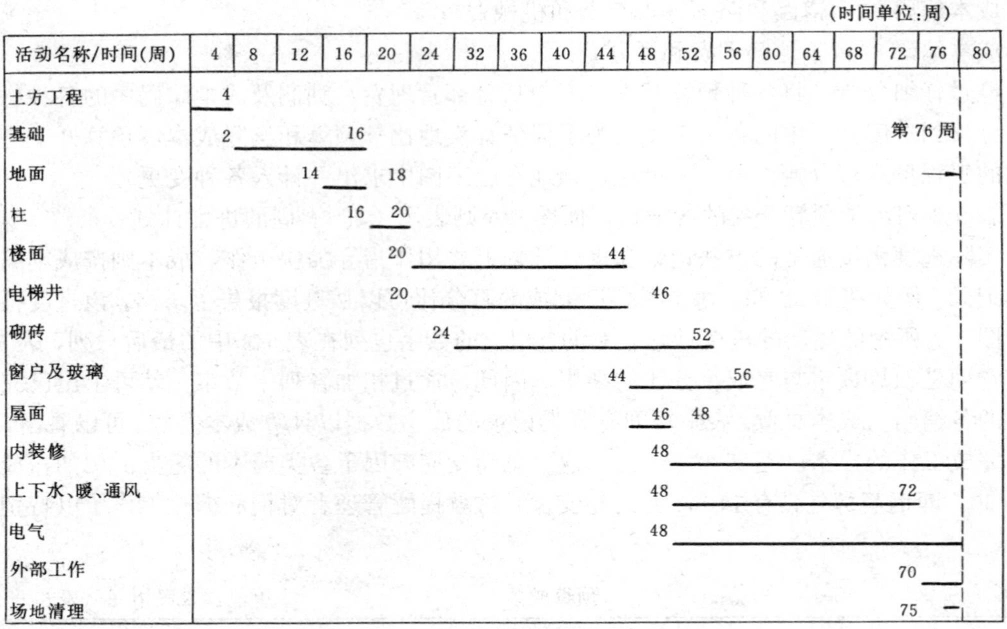

(时间单位:周)

活动名称/时间(周)	4	8	12	16	20	24	32	36	40	44	48	52	56	60	64	68	72	76	80
土方工程	4																	第76周	
基础	2			16															
地面			14		18														
柱				16	20														
楼面					20					44									
电梯井					20						46								
砌砖						24						52							
窗户及玻璃										44		56							
屋面											46 48								
内装修											48								
上下水、暖、通风											48						72		
电气											48								
外部工作																	70		
场地清理																		75	

图 5-6　工程的原始进度计划

在第 52 周末更新的成本　　　　单位：人民币元　**表 5-3**

活动名称/成本编码	10	20	30	40	50	60	70	80	合计	完成百分比
土方工程						9000		1000	10000	100%
基础	50000	60000	70000					20000	200000	100%
地面	10000	10000	25000					5000	50000	100%
柱	2000	3000	3000					2000	10000	100%
楼面	150000	170000	180000					200000	800000	100%
电梯井	20000	30000	40000					10000	100000	100%
砌砖				112000				25800	137800	86%
窗户及玻璃				10000	5000			5000	20000	50%
屋面	1000	1000	1000		1000			500	4500	100%
内装修								—		无
上下水、暖、通风				330	670			3300	4300	6.67%
电气								—		无
外部工作								—		无
场地清理								—		无
至第 52 周末工程价值	233000	274000	319000	122330	106670	9000	—	272600	1336600	
至第 52 周末实际成本	230000	280000	330000	125000	110000	5000	—	280000	1360000	
差额	+3000	−6000	−1000	−2670	−3330	+4000		−7400	−23400	

注：在实际中，某项活动的各种成本所占比例是变化的，如"基础"这个活动在不同施工阶段可能涉及模板或钢筋
　　或混凝土的费用。

五、成本的分摊

　　上述的成本控制系统一般都是将成本分摊给各工种工人，如混凝土工。因此，填写每
日的工时分配表（表5-4）是各工种负责人的职责，在该表中负责人要记录工作内容、每个

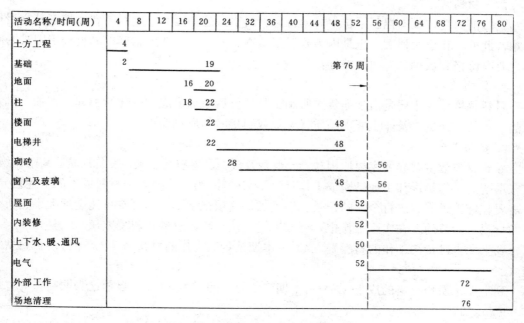

活动名称/时间(周)	4	8	12	16	20	24	32	36	40	44	48	52	56	60	64	68	72	76	80
土方工程	4																		
基础	2				19								第76周						
地面				16	20														
柱				18	22														
楼面					22						48								
电梯井					22						48								
砌砖						28							56						
窗户及玻璃											48		56						
屋面											48	52							
内装修												52							
上下水、暖、通风												50							
电气												52							
外部工作																	72		
场地清理																		76	

图 5-7   在第 52 周更新后的进度计划

工人的名字及工作小时数。当然，在工人要做的工作类型相对稳定的情况下，这种表格并不一定需要。造价工程师可以方便地从工资单上摘出各工种工人的工作时数。当在工程中采用奖金措施时，工人的奖金额都要加在从工作单上摘出的基本人工费上，以求出完成相应工作的实际成本。由于造价工程师每周或每月都要实测工程进度以计算工人的奖金，所以包括奖金发放在内的详细簿记可以为已完成工作的价值估算提供有关数据。

要注意所有人工费和机械费都要按成本编码分摊给各类成本，如果很难做到这一点，则有时可引入一个作为零星工作的成本编码。但这种做法可能会助长把浪费的工时作不适当的记载，故建议尽量不使用这种处理方法。但如果采用了一个编码作为零星工作的成本，则此类成本一定要追溯分摊到其它类成本中。

每日工时分配表　　　　　　　　　　　　　　　表 5-4

公司名称：　　　　　　表格编号：

姓名		张大江	王大喜	孙兰州	乌求知	赖江河	戚利国	章通晓	总工时
成本编码	计时号	015	149	231	321	430	025	142	
20	基础支模	8	8	8					24
20	支柱模				8	8			16
20	支楼梯模						8	8	16
	小计	8	8	8	8	8	8	8	56

合同名称：　　　　　　　　　　　日期：

负责人：　　　　　　　　　　　　总工长：

六、材料费控制

到目前为止，成本控制系统中尚未考虑材料费，这是因为控制材料费比控制其它费用困难，此外，在很大程度上也是因为施工工地本身的特点。造成精确控制材料费困难的因素主要有价格和数量两方面的差异：

1．价格差异

材料价格差异主要是由于通货膨胀和工料估价后市场供应的变化所引起。例如，批发订购、折扣、缺货以及业主要求的质量变更或到货时的质量变更。

2．数量差异

导致材料数量差异的主要原因包括：浪费及破损、盗窃及丢失、发货缺货、缺陷修缮、入帐系统的工作延误和工地已完成工作量测不准确等。为了掌握各种材料成本的上述差异，就需要在施工过程中进行全面的记录，但是做好这项记录工作的开支可能会远大于它所带来的材料费的节约。在实际工作中，可按下述方法计算出总的材料费差额。

到上期末已量测工作的材料费（A）＋本期被量测工作的材料费（B）＝目前材料费总值（C）

到上期末所用材料的成本（D）＋本期到货材料的成本（E）＝目前已采购材料的总成本（F）

目前已采购材料的总成本（F）＋目前在工地上未用材料的价值（G）＝至今已用材料的成本（H）

材料费差额（J）＝$C-H$

应该注意的是，上述材料费（A，B 和 C）都应为扣除间接费附加的净值。

目前施工行业的成本控制有一种趋势，就是施工管理人员的主要精力放在人工费和机械费的控制上。但实践表明，由材料方面造成的损失比其它原因造成的损失往往大得多，因此控制材料费对于企业经营利润目标的实现具有更加重要的意义。控制材料费的通常做法有：

保持工地整洁、平面布置合理并具有适当的存储场地和通道，尽可能使用机械搬运。

雇佣一个可靠的、具文秘经验并经仓储培训的仓库管理员。

保持一套运行妥当的簿记系统。

供求双方共同在货运单上签字，特别是商品混凝土货运单。

在地称边实测骨料的重量。

现场实测砂子的含水率。

坚持要求以夹板方式运送玻璃等易碎材料。

卸货时仔细对照发货单检查与货物是否相符。

七、选用成本控制系统时要考虑的要点

（1）任何成本控制系统都会增加管理费。通常，控制的越严，则该系统的花费也越大，因此存在一个收支平衡点，如图5-8所示。随着成本控制费用的增加，工程的直接成本可望减少。然而，到了某一点后成本控制的加强并不能再降低工程成本。因此这是一条凹面向上的曲线，如图5-8所示。直接成本与控制费用相加就是工程总成本，工程成本在大多数情况下会达到一个最小值，然后又增加。这显示了达到最优控制水平的某种特性。

公司未必总有足够的数据画出图5-8所建议的工程直接成本与成本控制费用的可靠曲

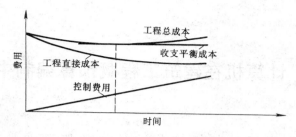

图 5-8 成本控制费用曲线

线。但是，以每个项目经理对其工程的判断为依据而画的各个工程的这类曲线经常可为整个公司画出该曲线提供有用的指南，从而达到最优的成本控制水平。

（2）建议采用较粗略的控制系统。然而该系统只能用做大体上的检查以防严重的失误。

（3）上述系统和施工行业中几乎所有的其它系统都是回溯性的，也就是说，他们所提供的信息都是有关过去发生的事件，以至于经常来不及采取改正措施。

（4）成本控制系统复杂、花费巨大，而且远未完善。系统中的关键是管理者对所提供信息的反应。因此，任何管理信息系统要行之有效，都必须由成本意识强的职员在适当的激励机制下来运行。因此，建议上级管理层开办训练课程和讲座以提醒这些职员时时关注能够降低成本、增加利润的因素。

（5）近来计算机硬件的发展和不断推出的商业软件大大推进了成本控制过程的计算机化。计算机化使成本控制工作变得非常直接，人们只需记录和分析成本的编号、名称、数量和单价等，而这些又都可从已计算机化的工程量清单或估价单中直接提取。尤其是目前已有功能强大的用于工程项目施工管理的软件包，能够把工作研究数据库、估价、编制工程量清单、核算、变更调整、作工资帐册、进行材料管理和成本控制，以及工程决算等功能都综合在一个软件系统内。但收集工地上已完工的有关数据仍靠手工操作，这一点可能会阻碍控制的实施。

第六章　计算机在建筑工程概预算编制中的应用

第一节　应用计算机编制建筑工程概预算的必要性

随着计算机的发展，建筑业中越来越广泛地使用计算机来解决工作中的实际问题，在建筑工程概预算编制工作中，计算机技术的应用日趋成熟与完善。

由于计算机有许多优点，可以快速、精确地处理大量数据（包括数字、文字、图像和声音）；提供标准方法（包括计算方法、处理过程、报表格式等），保证一致性；简化手工工作，提高效率；可靠地存储数据，供以后用户自己或其他人使用，即数据共享；等等，所以利用计算机及其相应建筑工程概预算软件可以代替部分手工建筑工程预算工作，从而快速完成计算、套定额、数据统计、分类、汇总生成报表等工作。

一、建筑工程概预算编制工作的特点

根据国家或地方政府统一制定的概算或预算定额编制建筑工程的概预算一直是国内通行的用来确定完成工程所需的工种、工时、材料种类与数量、机械台班以及直接费用的最基本方法。这项工作涉及的内容较多，并有下列基本特点：

（1）需要处理大量的数据（工程量、工料种类与数量、价格与费用等）；

（2）需要建立数据库（定额库、材料价格库等）及在需要时能够调用及查询；

（3）处理数据的时间要短，速度要快（因为投标报价的时间要求紧）；

（4）处理数据的过程是简单和重复的操作（大量的四则运算，如工程量计算、套定额计算、结果分类与合并等）

（5）数据的输入（图纸、工程量、价格、定额调整等）、输出（概预算结果）和涉及人员较多（概预算结果应用面广，是编制作业计划、用工计划、材料计划、资金计划等，进行技术经济分析等的依据），等等。

长期以来，建筑工程概预算一直用手工方法编制，工作量大，数据繁琐和重复，且容易出错，造成工效低，速度慢，还常常由于计算口径不一致，导致同一张图纸，不同人员编制的结果也不相同。

二、建筑工程概预算电算化的优势

如果使用的预算软件可靠，用计算机编制建筑工程概预算，有以下优点：

（1）减轻计算工作量，加快预算的编制速度；

（2）强化预算业务的规范；

（3）易于查错、纠错和调整；

（4）提高准确度；

（5）便于多人协作共同编制；

（6）有利于工程造价资料长期存储与管理，为工程竣工结算和竣工决算保存原始数据；

（7）提高工程数据的再利用价值；

（8）适应市场经济需要，快速进行投标报价或编制标底。

计算机的应用，有利于把与概预算有关的许多工作，如工程设计、计划编制、资源安排等和概预算工作集成起来同时完成，编制适当的软件与概预算软件接口，使得工程设计出来后，概预算即可以编制出来，同时各种计划和资源安排等工作也相应完成，而且它们的结果之间互相关联，一方面的数据变了，其它方面有关的数据也自动变化，等等。总之，应用计算机使得建筑工程概预算和其它工作都更为方便和实用。

第二节　计算机及其应用的发展

一、计算机技术的发展

在最近十几年中，计算机技术本身，包括硬件和软件，都有了很大的发展，使计算机在建筑工程施工管理中的应用更为普及和有效，其中比较重要的发展有以下几个方面：

1. 面向用户

使每个用户都能直接操作计算机，计算机能根据用户的输入快速反应并输出结果。还使得与建筑工程项目有关的人员都可通过计算机相互联系，共同读取或修改（共享）项目的数据库（图 6-1）。

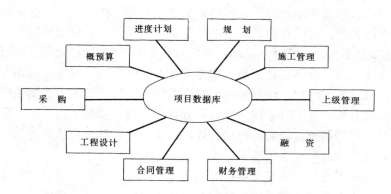

图 6-1　建筑工程施工管理各过程数据的共享

2. 应用成本低

随着小型机、工作站、大型机、个人计算机（微机）的出现，应用计算机的成本已大大降低，计算机硬件及与之相配的操作系统和有关软件也变得更小、更便宜，升级更新也很方便，更适合于建筑工地的实际。

3. 各种软件繁多

能满足用户各种需要的各种软件繁多，已能满足建筑工程施工管理各方面繁杂多变的需要。

4. 建筑工程施工管理应用软件，特别是概预算软件成熟

在近 10 年中，各种灵活、有效的建筑工程施工管理应用软件，特别是概预算软件不断推出，并已日趋成熟，给用户提供了众多的选择和实际应用的可能。

5. 用户界面友好

随着越来越多的人使用计算机，各种软件本身也变得越来越好用，即用户界面越来越友好，特别是 WINDOWS 的推出，改变了传统的键盘输入的方法，改用鼠标器按钮式输入的方法，使得用户学习及操作更为简单和方便，而且容错性强。

二、计算机在建筑工程概预算中的应用

计算机在建筑工程概预算中的应用，使概预算这个行业发生了许多变化，有些变化甚至还是根本性的。

我国计算机在建筑工程概预算中的应用开始于1973年。最早是华罗庚教授的小分队在沈阳进行了应用计算机编制建筑工程预算的试点，这就是计算机在我国建筑工程概预算中应用的开始。后来，华罗庚教授根据试点的情况，向国家建委建议："在北京设立一台中心计算机，负责全国的建筑工程预算的编制工作"。

遵照国家建委的指示，原国家建委建筑科学研究院建筑经济研究室，即现在的中国建筑技术研究院建筑经济研究所，先后与北京、天津、济南、西安等地的建工局、建委合作，进行普遍推广应用计算机编制工程预算的试验研究工作。在取得比较成功经验的基础上，于1977年5月，由原国家建委施工管理局和建筑科学研究院联合召开了"应用计算机编制建筑工程概预算座谈会"，交流经验，向全国各省、自治区、直辖市和各专业部介绍推广这一新技术。通过经验介绍和实地表演，应用计算机编制工程预算具有速度快、计算准确、口径一致、成果项目完整、数据齐全、使用简便易学等优点得到公认。许多省、市、自治区的建工部门，回去以后立即组织班子，积极开展这方面的工作。

到目前，全国各省、市、自治区基本上都开展了应用计算机编制建筑工程概预算这项工作。在我国建筑工程施工管理中，应用计算机编制建筑工程概预算已是较为普及和成熟。近年来微机的迅猛发展，计算机在建筑工程施工管理中的应用，除编制概预算外，已经扩大应用于网络计划计算、优化、绘制或打印网络图和横道图；应用于编制生产计划和劳动保护用品的发放与管理；施工方案和建材购运方案的优选；建筑工程统计、百元产值工资含量的计算、财会报表和统计报表的数据处理，以及工资计算与发放等方面，使计算机在建筑工程施工管理中的应用变成了现实。

从计算机在建筑工程施工管理中应用的发展前景来看，建筑工程概预算软件应从单一的功能向集成化功能发展，从单项应用向综合应用和系统应用方面发展。

三、计算机在建筑工程概预算中应用的发展趋势

目前可以预见的与建筑工程概预算有关的计算机应用发展趋势可概括为两个，一是可以有效地应用于建筑工程概预算的计算机硬件、软件等计算机技术本身不断发展和完善；二是越来越多的人认识到无论是从经济上还是技术上考虑，建筑工程概预算都应该应用计算机来编制。

与建筑工程概预算有关的计算机软硬件及计算机应用的重要发展趋势主要有以下几个方面：

1. 软件操作图形化

软件主要采用鼠标器操作，用鼠标器移动光标，然后简单地在屏幕显示的命令上按钮选择即可输入命令，键盘则只是用来输入数据。用户操作软件主要是通过形象直观的图形化方式而不是键入字符命令。由于有的概预算软件已可从工程设计、识图并计算工程量开始，经常用到各种图形，故这个图形化技术对概预算软件这方面功能的发展很有益处。

2. 软件 WINDOWS（窗口）化

有不少软件可以将几个不同程序的结果同时显示在屏幕上的几个窗口中。例如，用户可以在计算工程量的同时，将工程有关图形显示在同一屏幕的不同窗口中；在套定额计算的过程中显示和修改定额库和有关数据库；并可同时在不同窗口中观察这些操作的结果。再如，用户在准备概预算结果报表时，可以同时在应用概预算软件的同时应用文字处理、图形制作和电子表格等软件，并将有关图形和文字并入概预算结果报表中，等等。

3. 软件集成化

不少软件集成了许多相关软件，并可输入或输出与其它软件直接接口的文件，甚至可建立不同软件之间的数据动态连接。这种集成化一直还在改进，且操作变得越来越容易。例如上面已提到过的概预算与工程设计、进度计划、合同管理、采购、财务分析等接口。

4. 计算机联网

计算机联网后使得不同的计算机、终端、工作站和中央处理器可以直接通讯，从而使用户能够进入整个计算机网络的各个部分。最典型的例子就是 E-Mail（电子邮件），在一个工作站上制作的报告不仅可以打印出来分发，还可以通过电子邮件传递到其它工作站上。另外，计算机联网后还可以将小型计算机与大型计算机连接在一起，使小型计算机用户也可以享用大型计算机的功能。计算机网络中的其它硬件，如打印机、硬盘、绘图仪，也可供几个不同工作站的用户连接使用。若同时有几个工程项目在施工，当需要观察或读入其他人负责的其它项目数据文件时，计算机网络为此提供了极大的方便。

5. 计算机速度和容量发展

目前，无论是微机，或是大型计算机，其速度、容量和功能都得到了迅速的发展，这些发展使得用户应用计算机变得越来越方便和容易，也方便了建筑工程概预算中的计算机应用，因为建筑工程概预算工作要求的就是快速存储和处理大量的数据。

6. 计算机辅助设计 CAD 的应用

应用 CAD 可极大地提高工程设计的效率，故越来越多的人意识到应该并已开始应用 CAD 作设计和画图。同样，CAD 也可为建筑工程概预算提供直接或间接的帮助。

建筑工程概预算所面对的最普遍和长期的挑战就是在项目的设计阶段就开始进行工程的概预算。比较普遍的做法是仅控制设计本身的进度和成本，随着设计的变更编制相应的概预算。然而，最重要的方面却被忽略了，这就是忽略了设计变更对整个项目成本的影响。根据经验，纵观整个项目实施过程，设计工作对整个项目成本的影响是相当大的。

目前集成考虑工程设计与概预算，把概预算软件与自动识图、自动计算工程量结合起来，通过改进设计以降低整个项目的成本，这是计算机用于建筑工程管理的发展趋势。

第三节 建筑工程预算软件简介

由于全国各地采用的定额不同，定额栏目也不相同，因此预算软件有很大的地区性限制。目前比较完善的预算软件主要有计算工程量及套定额两大部分，其中工程量的计算主要是手工计算和输入计算机图纸轴线等尺寸由计算机算，套定额部分是根据不同地区及使用于建筑安装工程、市政工程、房修工程等不同的目的建立不同地区的不同用途的定额库。

由于全国各地此类比较成熟的软件很多，这里仅就三个应用软件做简单介绍。

一、建筑工程预算软件之一简介

西安立达软件研究所研制的《建筑工程概预决算》系统软件。

该软件在对建筑概（预、决算）进行科学系统的研究基础之上，依托国际流行的 WINDOWS（视窗）环境研制开发，具有通用性强、实用性好、专业结合紧密、人机界面优秀等特点。

（一）系统使用功能

（1）可自建取费定额，也可借用以前工程的取费定额加以适当调整，从而减少建立取费库的工作量。

（2）可按表达式输入、轴线输入或使用智能公式计算工程量，并应用变量存取数据供重复使用。

（3）可脱离定额本，利用软件功能自动查询与选套定额单价。

（4）能计算和统计钢筋用量。

（5）相同定额自动合并。

（6）能根据所用定额号自动建立单调价差的材料表，使用时只需在价差的材料表中输入相应的市场价格，便自动算出单位工程的全部市场材料价差。

（7）自动计算、分类和汇总定额单价、材料用量、材料价差以及各项费用和工程造价。

（8）自动生成各类报表（如：工程量计算表、工程预算表、钢筋计算表、钢筋用量汇总表、材料分析表、材料汇总表、材料价差表、费用计算表、编制说明和预算书封面等十几类）。

（9）提供了一种建筑预算编程语言与相应的公式，简化了工程量计算、定额选套和定额调整换算与补充。

（二）系统编制预算顺序图

系统以单项工程为工作基础，可同时完成若干单位工程的概预（决）算工程造价，并累计成此单项工程的工程造价。

概预（决）算工作顺序如图 6-2 所示。

（三）软件做建筑工程预算基本步骤

1. 用户登录

用户登录将为使用者完成三件事情：

（1）判定使用者是否是本系统的用户；

（2）决定使用者的使用权限（预算编制权、定额修改权、系统维护权）；

（3）给使用者分配工作区间（一机多人使用时，每人拥有自己的工作区，确保自己的工程数据不被他人破坏）。

2. 工程信息

（1）工程信息的组成。

工程信息包含：工程代码、工程名称、定额的选用、补充定额的选用。

工程代码是建筑工程在计算机中主要的识别符号（相当于文件名）由使用者自己定义。每一个工程都有唯一的工程代码来标识。

工程名称一般用汉字输入，用于提示说明工程代码是什么单位工程，以便日后查阅。

系统允许建立多种类型的补充定额库，如：电力部定额、煤炭部定额、其它专业定额、

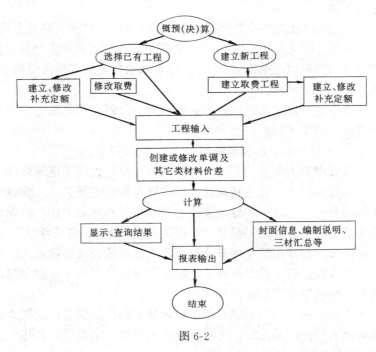

图 6-2

或定额库中不存在的定额等。一旦选用了指定的补充定额库后，编制预算时可直接填写相应的补充定额号便可进行单价计算。

在计算机中可以同时装入不同地区或不同时期的定额库，当需要做某地区某时期的预结算时，只需选择相应定额便可从事编制工作。

（2）创建新工程。

对于一个新工程在计算机上作预算，首先需要使用者建立新工程的信息，而后才开始作预算。

（3）调用原有工程，继续编制或修改预算。

经创建的新工程再次被调用时，称之为调用原有工程。

使用方法有两种途径：键入原工程代码，如果有此工程代码，系统将自动显示出该工程的信息；使用对话提示工具的下拉选择框，从中选择并确认所要使用的原工程。

（4）删除原工程。

为了节省计算机的磁盘空间，可以把已经废弃或无长期保留价值的工程从磁盘中删除。如果暂时无保留价值的工程，可在删除前对其进行备份，以备日后恢复使用。

3. 工程取费的建立

建筑预算中，取费不仅具有复杂性和动态管理性，而且还具有固定的模式，所以预算电算中的取费不仅应有灵活易变的功能，而且还应有重复利用功能。灵活易变的功能为用户提供了修改费率和增加取费项目的自由度；重复利用的功能使用户能够通过借用的方法，对同类工程的取费内容稍加以适当修改便可利用，从而节约重建费用项目的时间。

工程取费的创建是创建新工程后必须的第一步骤，一旦创建好取费项目，下次使用此工程时无需再重建费用项目。

为新工程创建工程取费项目的途径有两种：自己输入创建和借用原工程的取费项目。

（1）自己输入创建。

在新创建取费项目，取费表中没有任何信息，系统等待用户输入取费方式名称（如：一般土建工程、装饰工程、机械土方工程等）。一个取费方式的名称代表一种取费方式，如果工程中同时存在两种或两种以上的取费方式时，建立的取费方式名称将是两个或两个以上。

（2）借用原工程的取费项目。

如果工程的取费方式与以前工程取费方式类同时，可以直接将原工程取费方式借用到此工程中，稍加修改作为本工程的取费方式。

4．工程量输入、套定额单价和调整换算

工程量是建筑预算中最为繁琐的工作，计算机搞预算，想真正达到全部自动计算，目前尚有一定距离，所以如何更简化工程量计算是预算电算的主要工作。教材介绍的系统在此工作上作了大量的努力与尝试，较好地解决了数据重复利用的工作，将先计算的工程量通过变量的方式为后继分项工程的工程量计算提供数据，做到"举一带三"，加快工程量计算速度；配合智能公式，将常用的工程量计算简化为简单的公式参数输入，并提供了高级的开放式的预算功能开发语言工具，使经验化的工程量计算方法可自建自用，达到自我经验累积，从而最大限度地简化工程量的计算。

套定额有三种方法：直接填写定额号；下拉选择框选择定额号；使用查询功能，分部分项索引快速查询定额号。两种途径：工程量输入表中填写定额号；表达式输入框中按一定格式填写定额号。

定额的调整换算是按定额本说明或文件中指明的调整换算方法或程度，可以对定额的人工、材料、机械费进行系数或增减量的调整；半成品的换算；定额耗材量的系数或增减量调整及其换耗材的换算工作。特别是半成品换算，系统不仅将定额使用的半成品换成另一种半成品，而且将其半成品的组成耗材同时自动更换和调整耗量。

5．单调材料价差的输入

当完成了套定额与工程量输入的工作，进入主菜单"项目管理"下的"单调材料价差"中，系统自动将工程中使用到的凡能单调价差的材料列在材料价差表中，使用者只需输入所列材料的市场价格就可以了。所以正常情况下，一个新工程在进入"单调材料价差"之前，建议先在"工程量输入"中做好套定额、输入工程量工作。这样省了许多查找材料代号的麻烦工作。

在单调材料价差中需要学会和掌握材料价差输入的步骤及材料折算（或称材料综合）的方法与使用。

6．计算及打印预算书

计算、查阅计算结果及打印预算书。

（四）工程量计算

建筑工程预算工作中工程量计算是最复杂繁琐的事情，它需要根据实际工程图纸要求考虑到许多施工工序以及建筑物内部构件之间的关系不漏算不多算地逐一计算整个建筑工程几乎所有内容的用量。当然，工程量的计算必须按定额要求规则计算，在这点上，各地都有不同的地方。

减轻工程量计算工作量是预算电算化十分重要的环节，系统在此方面作了许多的努力，并提供了三种计算工程量的方法途径：描述法、公式法、轴线法。三种方法既可独立使用、也可同时使用，根据实际情况选择。

1. 描述法

所谓描述法，就是将手工计算工程量的一套工作方式搬移到计算机中，不同的是数据计算全由计算机计算以及数据重复利用效率有很大的提高。描述法描述的是计算工程量的运算式，而且使用了计算机特有的功能：变量。它将工程预算基数和以后要使用的数据存入由较形象名称组成的变量中，使用时不需查阅直接用变量代替。

2. 公式法

如：圆面积、长方形体积、棱台体积、大放脚计算等数学公式在预算电算系统都称公式。我们的系统中，公式的含义被扩充，它不仅是一般数学公式，而且是具有逻辑判断能力的智能公式。公式内容包括公式名称，公式代码、公式的参数、公式表达式，使用时，只要输入参数或挑选选项系统自动计算工程量和产生计算表达式。

3. 轴线法

所谓轴线法，就是将工程图纸中的轴线输入到计算机中，然后由计算机计算轴线间的长度，沿轴线的闭合面积等功能。用于预算，使用时，必须先在计算机上按图纸建立好轴线数据，然后按图纸把外墙按逆时针方向沿轴线描述一遍，即可由计算机自动计算出外墙长和建筑面积，以及平整场地工程量等数据。

例如，如图 6-3 所示的建筑工程图（只划出建筑物的外墙线）

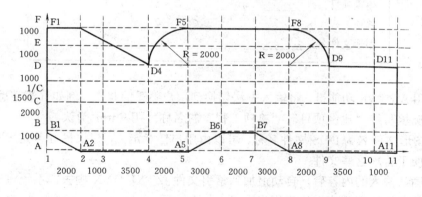

图 6-3

（五）钢筋抽取

以施工图中的构件为基本单位（如：梁、柱、板等），分别按钢筋号抽取其钢筋。同时提供钢筋抽取公式，对梁、柱等常见构件进行参数化输入，计算机自动完成部分抽取工作。

二、建筑工程预算软件之二简介

清华大学土木工程系与海口奈特软件公司合作研制的预算软件。这套软件包括两个部分：工程量自动计算及套定额计算。

工程量的自动计算是软件研制的难点之一，由于各种建筑项目其外形和内部结构或曲或斜并且梁、柱、板、墙、门、窗等在计算过程中又有一整套复杂的扣减规则，要用计算机进行自动计算，必须要涉及到复杂的图形图象数据处理，只有利用巧妙的构思和编制程序技巧，将复杂的计算机图形图象处理技术用简洁良好、操作方便的用户界面表现出来，使预算员经过简单培训即可操作才有实用推广的价值。

下面简单介绍该套预算软件工程量自动计算部分的编制内容。

（一）主要操作过程（如图 6-4）

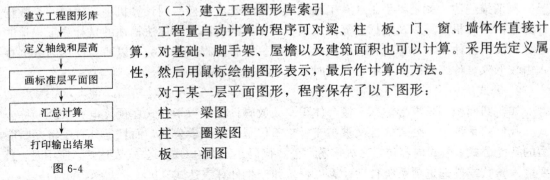

建立工程图形库
↓
定义轴线和层高
↓
画标准层平面图
↓
汇总计算
↓
打印输出结果

图 6-4

（二）建立工程图形库索引

工程量自动计算的程序可对梁、柱 板、门、窗、墙体作直接计算，对基础、脚手架、屋檐以及建筑面积也可以计算。采用先定义属性，然后用鼠标绘制图形表示，最后作计算的方法。

对于某一层平面图形，程序保存了以下图形：

柱——梁图

柱——圈梁图

板——洞图

柱——墙——门——窗——过梁图

程序可以处理任何复杂的图形，包括正交、斜线、弧形等形状。

用户首先要熟悉该工程的结构图纸和建筑图纸，根据工程图纸的情况，作如下操作：

（1）选择【增加工程图形库】，显示菜单：

放弃		确认
建设项目：＿＿＿＿＿＿＿＿＿		
单项工程：＿＿＿＿＿＿＿＿＿		
图形文件名：＿＿＿＿＿＿＿＿		

（2）用 Alt＋Fn 功能键，将输入方法切换到用户熟悉的状态（例如五笔字型），按工程图纸的情况填写好"建设项目"、"单项工程"的名称。用 Enter 确认。

（3）图形文件名为 DOS 文件名称，可以由用户任意定义，建议最好事先统一给定一个格式，以便于管理这些文件。

（4）确认输入的内容后，自动追加到索引文件 JZTXK.INX 中去，系统将当前管理的工程图形状态转换到刚建立的工程当中。

（5）如果该工程图形库索引已经建立好，要转换到该工程图形时，选择【选择工程图形库】，在菜单当中找到该工程，按 Enter 确认即可。

（6）如果要复制一层平面图纸到另一工程图形库时，先【选择图形数据库】中复制图形的工程库，再在【复制图形库】中选择被复制图形的工程库。

（三）轴线窗口及参数定义

1. 定义主轴线

选择【定义主轴线】参照建筑图纸上的轴线分部图，以图纸上的轴线为标准，计算出相临两轴线间的距离，把横纵轴间距填写好。确认以后屏幕按定义轴线的比例大小，画出正交的轴线分布。并标出距离。

纵、横轴起始轴分别记为 0 轴和@轴。

2. 定义层高层数

选择【定义层高、相同层数】。根据剖面图纸定义该层的层高（层高为该层板顶到上一层板顶之间的距离），以及与该层相同结构的层数，汇总的工程量结果将自然乘以相同的层数。

3. 定义辅助轴线

若主体或门窗不在主轴线上，而位于主轴线间的话，可以通过辅助轴线作为参照坐标系来方便画图，图形画完成以后可以删除这些辅助轴线使得图形更加清晰明了。

定义辅助轴线时，首先用鼠标选择一条最近的主轴线，然后计算出与该主轴线偏移的距离，输入数据。数据为正是表示辅助轴线向主轴线右边或上边偏移，为负时表示向左边或下边偏移。

选用【全部删除】可将所有辅助轴线删除。

主轴线以深红色表示，辅助轴线以紫色表示。

辅助轴线必须选择偏移量最小的一条主轴线，以便图形窗口的放缩（如图6-5所示）。

4. 窗口的缩放移动

窗口移动通过↑↓←→键来移动，以左下角为基点，移动过程中保持图形在整个屏幕范围内，大小比例自动调节。放大时使用鼠标器选择图形范围的主轴线上的两上对角交点。

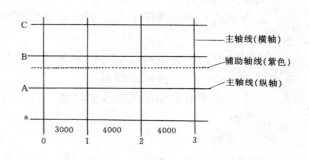

图 6-5

【窗口缩放移动】和【辅助轴线插入删除】合成【轴线窗口】功能在图形编辑时可以随时调用，以方便灵活地操作图形。

（四）图形编辑

图形说明：

梁——绿色、圈梁——黄色、柱——黑色、板——绿色阴影、洞——黑色阴影、墙——亮蓝色、门——红色、窗——蓝色、过梁——白色圆圈。

1. 画梁和圈梁

（1）梁截面：

A 矩形梁　　　C 异形梁

图 6-6

梁截面由梁的类型决定，而梁类型有A、C两种（见图6-6）。A为矩形梁，C为异形梁。

矩形梁的尺寸只要输入其厚度、宽度参数；

异形梁的截面通过图形方法来定义。

（2）定义"梁属性"：

画梁之前必须定义好当前图形的属性。

用鼠标选择【梁属性】，选择梁的类型，再选择梁用的材料，最后定义尺寸参数。梁类型以其头一个字母（A或C）区分，如果是异形梁C，其截面通过图形定义来完成，具体操作是：

1）选择【异形截面】（图6-7）

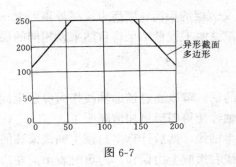

图 6-7

用空格键（Space）选定异形截面多边形的结点，用方向键↑↓→←移动光标（每次10mm）与上一结点形成截面多边形一边，选定下一个结点。

删除错误的结点，用退格键（Backspace）退回到上一个结点状态。

2）利用【放大】和【缩小】功能将尺寸范围放大或缩小一倍，最大范围为2000×2000。

3）【初始化】将清除所画的多边形图形。

4）图形完成以后，用【确认】继续下步操作，程序自动计算出梁截面的最厚与最高数据。若要增减梁体积，按"立方米"为单位填入正负数据，用【放弃】退出定义异形截面和属性状态。

（3）画梁：

画梁有两种方法，一种是画直梁，一种是画弧梁。

画直梁的方法是选择【画直梁】，定义梁在轴线上的两个端点，轴线应位于直梁的中心线上。

画弧梁时，用空格键（Space）定义弧的半径，再选择其仅次于轴线的两端点。端点的先后顺序是按逆时针方向选择的。

注意：当前所画梁的属性在窗口第一、二行显示。

2. 画柱

（1）柱截面：

柱截面除矩形、异形外，还有圆柱。圆柱也是用参数来定义其截面形状，以横直径和纵直径来表示。矩形、圆形和异形三种形状在类型定义中以A、B、C区别。

（2）画柱：

参考画梁。

必须先定义好柱截面中心点所在的轴线参数。柱子画在轴线的交点上，并以交点为中心点。如果是异形柱，交点应是柱截面最宽最厚形成的矩形的中心点。

3. 画板和洞

（1）定义"板洞属性"：

定义【板属性】也是按类型、材料、尺寸（定义尺寸时应注意：板边外推宽度是以轴线为中线向外推的宽度，以计算板实际用面积。若是阳台面积可以按其实际计入建筑面积的比例填写"建筑面积计算系数"）。

洞的尺寸参数是平均厚度，在套定额时参考使用。

（2）画板和洞：

画板和洞时定义其封闭的区间，实际上是一个带圆弧边的多边形。在轴线上用鼠标依次选择这个多边形的结点（可以为大致位置，如果该结点不在轴线交点上，可以通过【结点偏移】来修正其位置，选择要偏移的结点，填写偏移数据，正数表示向结点右边和上边偏移，负数表示向左和下边偏移），每按动一下鼠标器即与上一结点连成一条红线，如果是一段圆弧作【线弧切换】到画弧状态，并用空格键（Space）定义好圆弧半径，用鼠标点下一个结点，当图形封闭后按【确认】即可。如果选错了结点，用【结点删除】回到上一个结点上重画。

参考异形截面的画法。

若是圆洞，定义半径后，在其圆心上画洞即可（圆心必须在轴线交点上，否则用【轴线窗口】定义辅助轴线）。

4. 画墙

参考画梁的方法。

5. 画门、窗、过梁

门窗位于墙上。画门窗时先定义好属性，其最宽最高参数（若不是方形，输入墙截面积），然后用鼠标在门窗位于墙上的中心点上画出门窗。

若门窗上有过梁，同样先定义其属性，在门窗上按动鼠标画出用白色圆圈表示的过梁。

删除门窗同时将过梁删除。

（五）压缩联接

【压缩联接】功能将当前层图形中，两个属性相同连续的梁或墙压缩连成一个以便在工程量计算时，减少计算时间。

（六）工程量计算及扣减说明

1. 工程量计算

【当前层汇总、计算】。根据当前平面计算梁、板、柱、墙、门、窗工程量，并归类统计。

具体操作是：

（1）选择【汇总】或【不汇总】两种方式。【不汇总】把每个图形计算结果列表；而【汇总】将相同类型材料和尺寸的图形汇总累计的计算结果列表。

（2）设置输出参数。

（3）按每种类型统计尺寸规格、数量、工程量、扣除量、实际工程量。

2. 扣减说明

工程量计算时，其实际扣减部分按照规定执行。主要依据是：

（1）梁扣减柱、板、交叉梁；

（2）柱扣减板；

（3）板扣减洞；

（4）墙扣减柱、梁、板、交叉墙、门、窗、洞。

三、建筑工程预算软件之三简介

北京建工集团（施工企业）开发的概预算软件 FXZK。

（一）软件概述

FXZK 实现了同一套软件不同定额库都可以使用，但建安工程、市政工程、房修工程需分别安装在不同的子目录中。

FXZK 可在输入定额号、工程量的基础上，计算并打印概预算书、取费表、人工　材料、机械台班耗用汇总表及分项表。用户可以自己建立补充材料明细和补充单位估价表，在需要时，还可以输入实际的人工、材料和机械单价，套用原定额用量，按实际情况算出概预算单价和合价。

FXZK 用 FoxBASE2.1 数据库语言编写，必须在进入 FoxBASE 环境中运行。FXZK 对硬件没有特殊要求，带硬盘的 IBMPC/XT AT 或其兼容机皆可，并配备 25 汉字操作系统和 FoxBASE 软件。

（二）软件编制建筑工程概预算的一般步骤

应用该预算软件编制建筑工程概预算的步骤如图 6-8 所示。

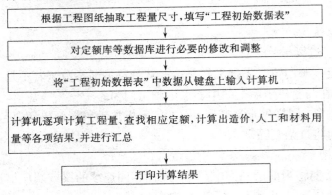

图 6-8　应用概预算软件的一般步骤

"工程初始数据表"是专供概预算人员摘录图纸中的尺寸和计算工程量用的有关数据的专用表格，其主要作用有：便于明确参加计算的内容和所用的计算公式；便于向计算机输入参加计算的原始数据和指明该工程量所属的定额项目及编号。

在填写"工程初始数据表"时，应熟悉填表要求并按规定进行填写。目前采用的"工程初始数据表"主要有如下几种：

（1）通用表格　如工程量计算为 4 个数连乘的表格，见表 6-1。

通 用 表 格　　　　表 6-1

序　号	定额编号	计 算 工 程 量 的 数 据			
		A	B	C	D

（2）专用表格　这种表格是为计算各分部分项工程量而设计的。为了减少概预算人员填写数据的工作量，这种表格尽可能地做到"一数多用"，例如将挖地槽和垫层的工程量初始数据设计成同一个表格，见表 6-2。

通 用 表 格　　　　表 6-2

轴　线	l	b	h	dn	n

表中，l 为基槽长，b 为基槽宽，h 为挖土深度，d_n 为垫层厚度，n 为同类轴线的数量。

164

以上数据输入计算机后，计算机就会根据该段的挖土深度（超过 1.2m 要乘放坡系数 1.3）自动按如下公式计算出相应的挖土及垫层工作量。

$$挖土量 = l \times b \times h \times n \qquad (h < 1.2m)$$
$$或 l \times b \times h \times n \times 1.3 \qquad (h \geqslant 1.2m)$$
$$垫层工作量 = l \times b \times d_n \times n$$

（3）专用表格与通用表格相结合的形式　这种表格对一些用得多的工程量计算式（如简单的体积、面积、长度等计算）设计成通用表格，而对一些要求比较特殊的（如土方、墙体、杯形基础、台形基础的标准构件等）则设计成专用表格。

将填好的工程初始数据输入计算机计算后，就可分类（如分层、分段等）打印出概预算结果，包括费用和工料汇总结果等。

第七章　单位工程施工图预算编制实例

第一节　编　制　依　据

一、工程概况

（一）设计说明

本工程位于陕西省西安市南郊，结构类型：二层砖混结构。西安市国营施工企业承担。建筑构造及用料如下：

（1）砖基础：M5 水泥砂浆砌筑，凡一层平面图中显示的砌体，均有砖基础；

（2）砖墙：M5 混合砂浆砌筑；

（3）混凝土构件：除楼板预制外，其余构件均为 C20 混凝土现浇；

（4）钢筋：φ 为 I 级钢，Φ 为 Ⅱ 级钢，受力筋锚固及搭接按规定计算；

（5）阳台：现浇钢筋混凝土阳台及钢管栏杆；

（6）散水：C8 混凝土，宽度为 800mm；

（7）地面：60mm 混凝土垫层，25mm 中等水泥砂浆面层；

（8）楼面：25mm 水泥砂浆面层；

（9）室内抹灰：白灰砂浆，纸筋灰罩面两遍，乳胶漆两遍；

（10）外墙面：水泥砂浆勾凹缝，水泥砂浆外墙裙，高度在窗台以下；

（11）门窗：M-1 全板门，M-2 半玻门，M-3 连窗门，窗均为一玻一纱，门窗顶到圈梁底；

（12）水池：500mm×500mm 共四个，水泥砂浆抹面，砖池腿；

（13）屋面构造：

1）预应力多孔板；

2）水泥砂浆找平层；

3）玛蹄脂隔气层；

4）白灰炉渣找坡层（最薄处为 60mm）；

5）60mm 厚水泥蛭石块保温层；

6）填充料上水泥砂浆找平层；

7）二毡三油一砂卷材屋面防水层；

8）四角设水斗、漏斗、水落管及下水口铁皮排水。

（二）施工方案规定

（1）预应力多孔板为外加工构件，西安市社队构件厂加工，蒸汽养护，运距 15km；

（2）不考虑地下水，土质为 Ⅲ 类，不考虑土方外运。

（三）合同规定

建设单位不提供备料款和六材,市场材料均按市场信息价计算材差。六材信息价如下:

1. 水泥:

325 号：300 元/t

525 号：340 元/t

425 号：320 元/t

2. 原木：1400 元/m³

5. 钢筋：3000 元/t

3. 冷拔丝：3400 元/t

6. 沥青：1.5 元/t

4. 玻璃：3mm 厚：14 元/m²

7.350 克油毡：2 元/m²

二、施工图

图纸目录:

(1) 建筑施工图（一） 一层平面图（图 7-1）；

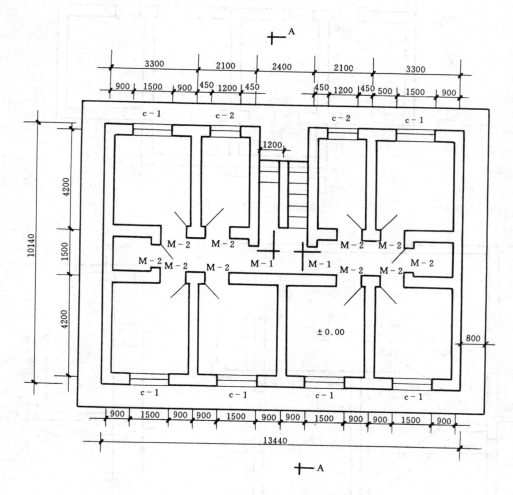

图 7-1 建筑施工图（一） 一层平面图

(2) 建筑施工图（二） 二层平面图（图 7-2）；

(3) 建筑施工图（三） A-A 剖面图（图 7-3）；

(4) 结构施工图（一） 楼梯结构图（图 7-4）；

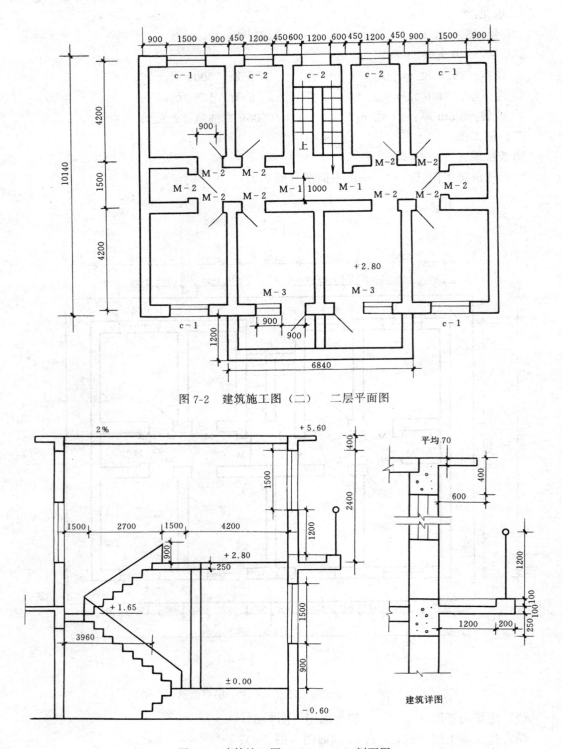

图 7-2　建筑施工图（二）　二层平面图

图 7-3　建筑施工图（三）　A-A 剖面图

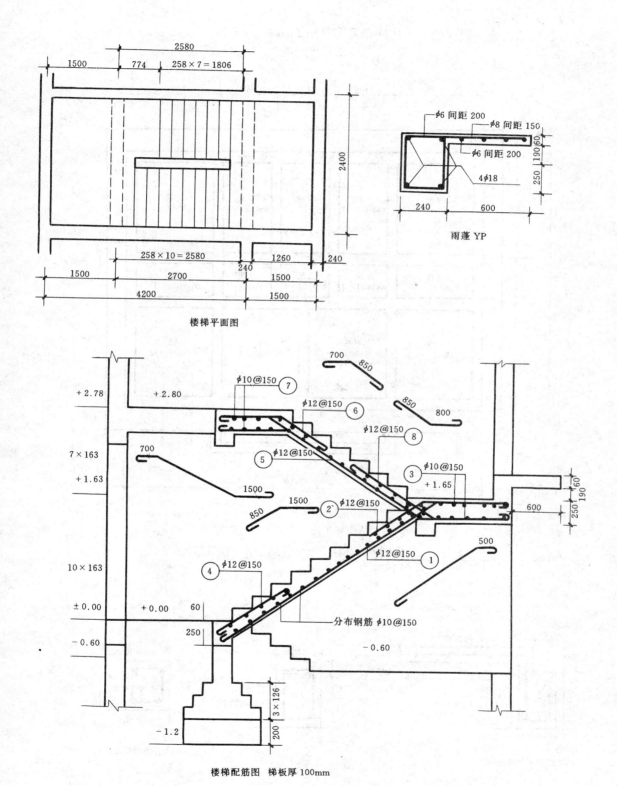

楼梯平面图

雨蓬 YP

楼梯配筋图 梯板厚 100mm

图 7-4 结构施工图（一） 楼梯结构图

（5）结构施工图（二）　构件布置图（图7-5）；

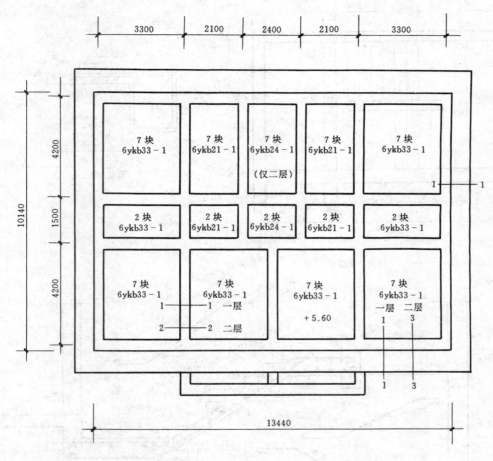

图7-5　结构施工图（二）　构件布置图

（6）结构施工图（三）　挑檐、地梁、圈梁结构图（图7-6）；

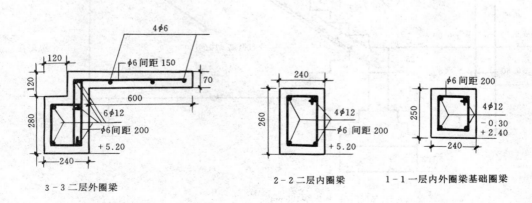

图7-6　结构施工图（三）　挑檐、地梁、圈梁结构图

（7）结构施工图（四）　基础平面图及剖面图（图7-7）；

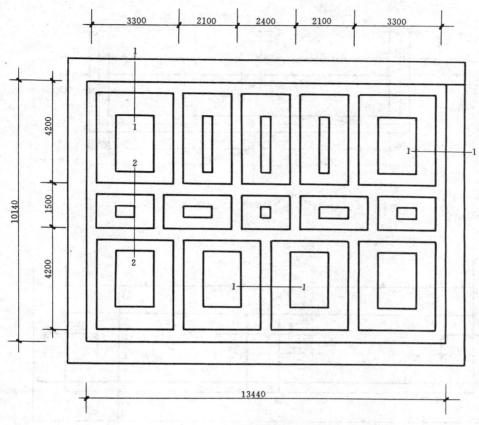

基础平面图

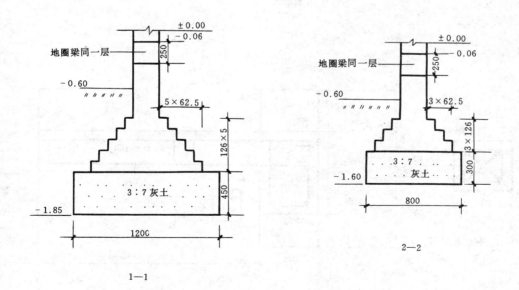

1—1

2—2

图7-7　结构施工图（四）　基础平面图及剖面图

（8）结构施工图（五）　阳台结构图（图7-8）；

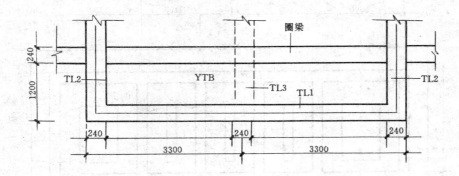

阳台平面图 YTB(板厚100)

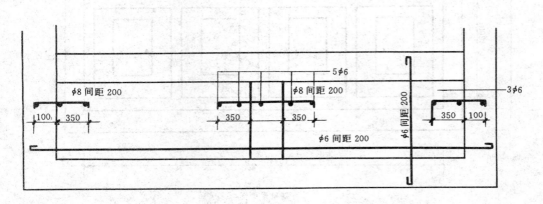

YTB 配筋图

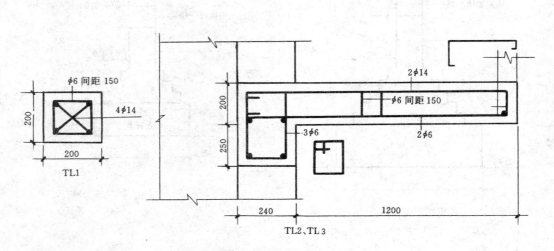

图7-8　结构施工图（五）　阳台结构图

第二节 工程量计算

一、基本数据计算

$$L_w = 2 \times (10.14 + 13.44) = 47.16(\text{m})$$

$$L_z = 2 \times (9.9 + 13.2) = 46.2(\text{m})$$

$$L_{n1} = 2 \times (13.2 - 0.24) + 7(4.2 - 0.24) + 4(1.5 - 0.24) = 58.68(\text{m})$$

$$L_{n2} = 58.68(\text{m})$$

$$S = 10.14 \times 13.44 \times 2 + 6.84 \times 1.2 \times 0.5 = 276.67(\text{m}^2)$$

$$S_1 = 10.14 \times 13.44 = 136.28(\text{m}^2)$$

$$S_2 = 10.14 \times 13.44 + 1.2 \times 6.84 = 144.49(\text{m}^2)$$

$$S_{j1} = 10.14 \times 13.44 - (46.2 + 58.68) \times 0.24 = 111.11(\text{m}^2)$$

$$S_{j2} = 111.11 - 4.32 \times 2.16 + 1.2 \times 6.84$$

$$= 111.11 - 8.55 + 8.21 = 109.99(\text{m}^2)$$

二、门窗表

门 窗 表　　　　　　　　　　　　　　表 7-1

名　称	代号	洞口尺寸 宽×高	单件面积 m²	一层 L_w	一层 L_n	二层 L_w	二层 L_n	总面积 m²	工程量 m²
全板门	M-1	1000×2400	2.40	—	$\frac{2}{4.8}$	—	$\frac{2}{4.8}$	9.60	9.32
半玻门	M-2	900×2400	2.16	—	$\frac{10}{21.6}$	—	$\frac{10}{21.6}$	43.20	41.94
连窗门	M-3	900×1500 900×2400	3.51	—	—	$\frac{2}{7.02}$	—	7.02	6.82
一玻一 纱 窗	C-1	1500×1500	2.25	$\frac{6}{13.5}$	—	$\frac{4}{9}$	—	22.50	21.85
	C-2	1200×1500	1.80	$\frac{2}{3.6}$	—	$\frac{3}{5.4}$	—	9.00	8.74
洞及空圈		2160×2400	5.18	$\frac{1}{5.18}$	$\frac{1}{5.18}$	—	$\frac{1}{5.18}$		
应扣洞口面积				22.28	31.58	21.42	31.58		

三、基础工程量计算

（一）条形砖基础工程量

$$L_{1\text{-}1} = 46.2 + 3.96 \times 7 + 1.26 \times 4 = 78.96$$

$$L_{2\text{-}2} = 2 \times (13.2 - 0.24) = 25.92$$

$$V_{1\text{-}1} = (1.85 - 0.45 - 0.25 + 0.984) \times 0.24 \times 78.96 = 40.44$$

$$V_{2\text{-}2} = (1.6 - 0.3 - 0.25 + 0.394) \times 0.24 \times 25.92 = 8.98$$

$$V_{\text{楼梯}} = (1.2 - 0.2 - 0.25 - 0.06 + 0.394) \times 0.24 \times 2.16 = 0.56$$

$$V_j = V_{1\text{-}1} + V_{2\text{-}2} + V_{\text{楼梯}} = 40.44 + 8.98 + 0.56 = 49.98(\text{m}^3)$$

（二）地圈梁工程量

$$QL_d = 0.25 \times 0.24 \times (78.96 + 25.92) = 6.29(\text{m}^3)$$

（三）3∶7 灰土垫层工程量

$V_{1-1} = 0.45 \times 1.2 \times 78.96 = 42.64$

$V_{2-2} = 0.3 \times 0.8 \times 25.92 = 6.22$

$V_{楼梯} = 0.5 \times 0.2 \times 2.16 = 0.216$

$V_T = 0.48 \times 1.2 \times 0.45 \times 7 + 0.48 \times 0.8 \times 0.2 \times 4 + 0.28 \times 1.2 \times 0.2 \times 15$
$\quad = 1.81 + 0.31 + 1.01 = 3.13$

$V_{HT} = V_{1-1} + V_{2-2} + V_{楼梯} - V_T = 42.64 + 6.22 + 0.216 - 3.13 = 45.95$ （m³）

（四）人工挖基槽工程量

$V_{wT} = (1.2 + 0.3 \times 1.25) \times 1.25 \times \{(13.2 + 1.2) \times 2$
$\quad + (9.9 - 1.2) \times 2 + (1.5 - 0.8) \times 4 + (4.2 - 0.6 - 0.4) \times 7\}$
$\quad + 0.8 \times 1 \times (13.2 - 1.2) \times 2$
$\quad = 140.57 + 19.2 = 159.77$ （m³）

（五）基础回填土工程量

$V_{jT} = V_{wT} - (V_j + V_{HT} + QL_d)$
$= 159.77 - (49.98 + 45.95 + 6.29) = 57.55$ （m³）

（六）室内回填土工程量

$V_{TT} = S_{j1} \times （室内外高差 - 地坪厚度）$
$= 111.11 \times (0.6 - 0.085) - (4.2 - 0.12 - 0.258 \times 3) \times 2.16 \times (0.6 - 0.085)$
$= 55.52(\text{m}^3)$

（七）余土外运工程量

$$V_y = V_{wT} - (V_{jT} + V_{TT}) = 159.77 - (57.55 + 55.52) = 46.70(\text{m}^3)$$

（八）平整场地工程量

$$V_p = S_l + L_w \times 2 + 16 = 136.28 + 47.16 \times 2 + 16 = 266.60(\text{m}^2)$$

（九）钻探回填孔工程量

$$A_z = S_l + L_w \times 3 + 36 = 136.28 + 47.16 \times 3 + 36 = 313.76(\text{m}^2)$$

四、模板及混凝土工程量计算

（一）预应力多孔板工程量

预应力多孔板工程量表　　　　　　　　表 7-2

构件代号	数量计算	每块体积 (m³)	总 体 积 (m³)	每块钢筋 (kg)	钢筋总重量 (kg)
6ykb33-1	7 块×6 间×2 层＝84	0.151	12.68	3.95	331.80
6ykb24-1	7＋2×2＝11	1.109	1.20	2.59	28.49
6ykb21-1	（7＋2）×2×2＝36	0.096	3.46	2.35	84.60
合　　计			17.34		444.89

与预应力有关的项目有：

多孔板灌缝＝17.34（m³）

多孔板运输＝17.34（m³）

多孔板安装＝17.34（m³）

（二）圈梁工程量

1. 内圈梁

QL_n＝58.68×0.25×0.24＋58.68×0.28×0.24＝3.52＋3.94＝7.46

2. 外圈梁

QL_w＝46.2×0.24×0.25＋46.2×（0.24×0.4－0.12×0.12）＝2.77＋3.77＝6.54

圈梁合计＝QL_d＋QL_n＋QL_w＝6.29＋7.46＋6.54＝20.29（m³）

（三）挑檐工程量

TY＝（L_w×桃檐宽＋4×挑檐宽×挑檐宽）×挑檐平均厚度

＝（47.16×0.6＋4×0.6×0.6）×0.07＝2.08（m³）

（四）阳台工程量

YT_b＝1.2×6.84＝8.21（m²）——模板工程量

YT_b×0.207＝8.21×0.207＝1.7（m³）——混凝土工程量

（五）楼梯工程量

LT＝4.32×2.16＝9.33（m²）——模板工程量

LT＝9.33×0.2325＝2.17（m³）——混凝土工程量

（六）雨篷工程量

YPL＝0.24×0.5×3.16＝0.38（m³）

YPB＝0.6×3.16＝1.90（m²）——模板工程量

YPB＝1.90×0.1281＝0.243（m³）——混凝土工程量

五、墙体工程量计算

（1）一砖内墙＝58.68〔（2.8－0.25－0.12）＋（2.8－0.28－0.12）〕－31.58×2

＝220.26（m²）

（2）一砖外墙＝46.2（5.6－0.4－0.25）－22.28－21.42－0.2×6.84－3.16×0.5

＝182.04（m²）

六、装饰工程量计算

（一）室外装饰

（1）水泥砂浆外墙裙＝（47.16－2.16）×（0.9＋0.6）＝67.50（m²）

（2）外墙勾凹缝＝47.16×（5.6－0.4－0.25＋0.6）－22.28－21.42－2.16×0.6－3.16

×0.5－6.84×0.2－67.5＝187.91－67.5＝120.41（m²）

（3）水泥砂浆零星抹灰＝28.74＋13.42＋1.85＋0.26＋6.37＝50.64（m²）

1）水泥砂浆抹圈过梁＝47.16（0.4－0.07＋0.25）＋3.16×（0.5－0.06）

＝28.74（m²）

2）水泥砂浆抹挑檐立面＝TY×15×43％＝2.08×15×0.43＝13.42（m²）

3）水泥砂浆抹阳台立面＝（6.84＋1.2×2）×0.2＝1.85（m²）

4）水泥砂浆抹雨篷立面＝（3.16＋0.6×2）×0.06＝0.26（m²）

5）水泥砂浆模外窗台板＝182.04×0.035＝6.37

（二）室内装饰

（1）内墙面抹灰＝182.04＋220.26×2＋（46.2－8×0.24）×（0.28＋0.25）＋58.68

（石灰砂浆）　×（0.25＋0.28）×2＋3.16×0.5＋6.84×（0.2－0.12）

＝6.22.56＋23.47＋62.20＋1.58＋0.55＝710.36（m²）

（2）剁毛＝23.47＋62.20＋1.58＋0.55＋28.74＋0.26＝116.8（m²）

（3）石灰砂浆抹窗台＝182.04×0.035＝6.37

（4）石灰砂浆预制天棚＝$S_{j1}+S_{j2}$＝111.11＋109.99＝221.10（m²）

（5）石灰砂浆现浇天棚＝2.08×15×57％＋6.84×1.2＝17.78＋8.21＝25.99（m²）

七、楼地面工程量计算

（1）混凝土台阶＝3.16×1.2＝3.79（m²）

（2）混凝土散水＝L_w×散水宽＋4×散水宽²

＝47.16×0.8＋4×0.8×0.8＝37.76（m²）

（3）混凝土垫层水泥砂浆中等地面＝S_{j1}－1.2×2.16＝111.11－2.59＝108.52（m²）

（4）水泥砂浆中等楼面＝S_{j2}＝109.99（m²）

八、屋面工程量计算

（1）白灰炉渣找坡层：

$$找坡层厚度 = \frac{10.14}{2} \times 2\% \times \frac{1}{2} + 0.06 = 0.111(\text{m}) \qquad 取 11(\text{cm})$$

$$找坡层工程量 = 10.14 \times 13.44 = 136.28(\text{m}^2)$$

（2）6（cm）厚水泥蛭石块保温层工程量＝136.28（m²）

（3）二毡三油一砂防水层工程量＝11.34×14.64×1.08＝166.02（m²）

（4）铁皮排水工程量＝4×（5.6＋0.6－0.2）×0.42＋4×（0.33＋0.16＋0.45）

＝13.84（m²）

九、其它工程量计算

（1）脚手架工程量＝S＝276.67（m²）

（2）金属构件工程量：

1）阳台栏杆＝6.84＋2.4＝9.24（m）

2）楼梯栏杆＝$\sqrt{(10\times0.258)^2+(10\times0.163)^2}+\sqrt{(7\times0.258)^2+(7\times0.163)^2}$

＋1.2＋1＝7.39（m）

（3）钢筋工程量：

1）圈梁钢筋计算：

圈梁钢筋长度计算表　　　　　　　　　单位：m　　　表 7-3

构件部位	φ6	φ12
一层圈梁	［2×（0.24÷0.25）－0.02］×$\left[\frac{(58.68÷46.2)}{0.2}+1\right]$ ＝0.96×526＝504.96	4×（58.68÷46.2÷42.5×0.012×6÷36.25× 0.012×34）＝490.92

176

构件部位	$\phi6$	$\phi12$
二层圈梁	内墙： $[2\times(0.24\div0.28)-0.02]\times\left[\dfrac{58.68}{0.2}+1\right]$ $=1.02\times295=300.9$ 外墙： $[2\times(0.37\div0.21)\div0.25\div0.09]\times\left[\dfrac{46.2}{0.2}+1\right]$ $=1.5\times232=348$	$4\times(58.68+42.5\times0.012\times2+36.25\times26\times0.012)=284.04$ $6\times(46.2+42.5\times0.012\times4+8\times36.25\times0.012)=310.32$
合　计	$504.96+300.9+348=1153.86$	$490.92+284.04+310.32=1085.28$

2）挑檐和雨篷钢筋计算：

挑檐、雨篷钢筋计算表　　　　单位：m　　　表 7-4

构件名称	$\phi8$	$\phi6$	$\phi18$
挑　檐	$(0.37\div0.69\div12.5\times0.006)\times\left[\dfrac{46.2}{0.15}+1\right]$ $=1.135\times3.09=350.72$	$4\times(11.34\div14.64\div42.5\times0.006\times2)$ $\times2=211.92$	
雨　篷	$(0.47\div0.81\div12.5\times0.008)\times$ $\left[\dfrac{3.16}{0.15}+1\right]=1.38\times22=30.36$	$(3.13\div12.5\times0.006)\times\left[\dfrac{0.60}{0.15}+1\right]$ $=13.03$ $[2(0.24\div0.5)-0.02]\times\left[\dfrac{3.16}{0.20}+1\right]$ $=24.82$	$4\times(3.13\div12.5$ $\times0.018)=$ 13.42
合　计	$350.72+30.36=381.08$	$211.52+13.03+24.82=249.77$	13.42

3）阳台钢筋计算：

阳台钢筋计算表　　　　单位：m　　　表 7-5

构件部位	$\phi6$	$\phi8$	$\phi14$
阳台板	$(6.82+12.5\times0.006)\times\left[\dfrac{1}{0.2}+1\right]$ $=6.9\times6=41.4$ $(1.42+12.5\times0.006)\times\left[\dfrac{6.84}{0.20}+1\right]$ $=1.5\times35=52.50$ $(1.42+12.5\times0.006)\times11=16.5$	$(0.7\div0.24\div6\times0.008)\times\left[\dfrac{1}{0.20}+1\right]$ $=0.99\times6=5.94$ $(0.45\div6\times0.008)\times\left[\dfrac{1}{0.20}+1\right]$ $=2.99$	
TL1	$[2(0.24\div0.2)-0.02]\times\left[\dfrac{6.84}{0.15}+1\right]$ $=0.86\times47=40.42$		$4\times(6.81\div12.5$ $\times0.014)=27.94$
TL2 2个 TL8 1个	$2(1.41\div12.5\times0.006)\times3=8.91$ $[2(0.24\div0.2)-0.02]\times\left[\dfrac{1.44}{0.15}+1\right]\times3$ $=0.86\times11\times3=28.38$		$2\times(1.41\div0.47$ $\div0.17\div12.5\times$ $0.014)\times3=$ 13.35
合　计	$41.4\div52.5\div40.42\div8.91\div28.38=$ 171.61	$5.94\div2.99=8.93$	$27.94\div13.35=$ 41.29

4）楼梯钢筋计算：

钢筋编号	$\phi10$	$\phi12$
①		$(\sqrt{1.63^2 \div 2.58^2} + 0.5 + 12.5 \times 0.01) \times$ $\left[\dfrac{1.20}{0.15} + 1\right] = 3.675 \times 9 = 33.08$
②		$(0.85 + 1.5 + 12.5 \times 0.012) \times \left[\dfrac{1.20}{0.15} + 1\right]$ $= 2.5 \times 9 = 22.5$
③	$(2.4 + 12.5 \times 0.01) \times \left[\dfrac{1.5}{0.15} + 1\right] \times 2 = 55.55$	
④		$\left[\sqrt{(4 \times 0.163)^2 + (4 \times 0.258)^2} + 12.5 \times 0.012\right]$ $+ \left[\dfrac{12.5}{0.15} + 1\right] = 1.37 \times 9 = 12.33$
⑤		$\left[\sqrt{(7 \times 0.163)^2 + (7 \times 0.258)^2} + 0.74 + 1.5 +\right.$ $\left. 12.5 \times 0.012 \times \left[\dfrac{1.20}{0.15} + 1\right]\right] = 4.53 \times 9 = 40.77$
⑥		$(0.7 + 0.85 + 12.5 \times 0.012) \times 9 = 1.7 \times 9 = 15.3$
⑦	$(1.20 + 12.5 \times 0.01) \times 9 \times 2 = 1.3 \times 9 \times 2 = 23.85$	
⑧		$(0.85 + 0.8 + 12.5 \times 0.012) \times 9 = 1.8 \times 9 = 16.2$
分布钢筋	$(1.2 + 12.5 \times 0.01) \times 17 \times 2 = 45.05$	
合　计	$55.55 + 23.85 + 45.05 = 124.45$	$33.08 + 22.5 + 12.33 + 40.77 + 15.3 + 16.2 =$ 140.18

钢 筋 汇 总 表　　　　　　　　　　表 7-7

钢筋规格（mm）	$\phi6$	$\phi8$	$\phi10$	$\phi12$	$\phi14$	$\phi18$	总重量（kg）
钢筋长度（m）	1575.24	390.01	124.45	1225.46	41.29	13.42	1745.44×1.02
钢筋重量（kg）	349.7	154.05	76.79	1088.21	49.88	26.81	$= 1780.35$

第三节　预算书编制

一、填写工程量汇总表

按各地区定额顺序逐项填写，如表 7-8、表 7-9 所示。

工 程 量 汇 总 表（一）　　　　　　　　　　表 7-8

序　号	分项工程名称	单　位	工程量
一	土石方工程		
1	人工挖地槽（Ⅲ类土）	m³	159.77
2	基础回填土	m³	57.55
3	室内回填土	m³	55.52
4	平整场地	m²	266.60
5	钻探回填孔	m²	313.76
6	余土外运	m³	46.70
二	砖石工程		
1	砖基础（不含防潮层）	m³	49.98
2	一砖外墙	m²	220.26
3	一砖外墙	m²	182.04

序　号	分项工程名称	单　位	工程量
三	混凝土及钢筋混凝土工程		
1	现浇圈梁及过梁模板	m³	20.67
2	现浇挑檐模板	m³	2.08
3	现浇整体楼梯模板	m²	9.33
4	现浇雨篷模板	m²	1.90
5	现浇阳台模板	m²	8.21
6	C20 混凝土	m³	26.863
7	钢筋	t	1.781
8	产品构件　预应力多孔板（模板及混凝土）	m³	17.60
9	预应力多孔板成型钢筋	t	0.452
10	多孔板灌缝	m³	17.34
11	多孔板蒸汽养护	m³	17.34

工 程 量 汇 总 表 （二）　　　　　表 7-9

序　号	分项工程名称	单　位	工程量
四	金属结构工程		
1	阳台栏杆（钢管为主）	m	9.24
2	楼梯栏杆（钢管为主）	m	7.39
五	构件运输与安装		
1	多孔板运输（15km）	m³	17.34
2	多孔板安装	m³	17.34
六	木作工程		
1	一玻一纱窗	m²	30.59
2	全板镶板门	m²	9.32
3	半玻镶板门	m²	41.94
4	连窗门	m²	6.82
七	楼地面工程		
1	3:7 灰土垫层	m³	45.95
2	水泥砂浆中等楼面	m²	109.99
3	混凝土垫层水泥砂浆中等地面	m²	108.52
4	混凝土台阶	m²	3.79
5	混凝土散水	m²	37.76
八	屋面工程		
1	白灰炉渣找坡层	m²	136.28
2	水泥蛭石块保温层	m²	136.28
3	二毡三油一砂防水层	m²	166.02
4	铁皮排水	m²	13.84
九	装饰工程		
1	石灰砂浆抹墙面	m²	710.36
2	石灰砂浆抹零星项目	m²	6.37
3	水泥砂浆抹外墙裙	m²	67.50
4	水泥砂浆抹零星项目	m²	101.28
5	外墙勾凹缝	m²	120.41
6	现浇构件组合钢模板面抹灰刷毛	m²	116.80
7	石灰砂浆抹预现浇天棚	m²	25.99
8	石灰砂浆抹预制天棚	m²	221.10
十	脚手架工程		
1	砌墙架子	m²	276.67

二、编制预算书

如表 7-10、7-11 所示。

表 7-10

预 算 书 （一）

定额号	分部分项工程名称	计量单位	工程量	单价（元）	其中 人工费	其中 材料费	其中 机械费	合价（元）	其中 人工费	其中 材料费	其中 机械费
（一）	土石方工程							2349.19	2069.92	5.39	273.88
1-8换	人工挖地槽（Ⅲ类土）	100m²	1.598	472.79	472.79			755.52	755.52		
1-15	有密实度回填土	100m³	1.131	671.16	632.04	1.38	37.74	759.08	714.84	1.56	42.68
1-18	平整场地	100m²	2.666	66.58	66.58			177.50	177.50		
1-19	钻探回填孔	100m²	3.138	128.58	127.38	1.20		403.48	399.72	3.76	
1-22×0.85	余土外运	1000m³	0.047	5395.83	475.29	1.39	4919.15	253.61	22.34	0.07	231.20
（二）	砖石工程							12665.18	3653.22	8809.23	202.73
8-1换	砖基础（扣除防潮层费）	10m³	4.998	966.632	363.72	596.65	6.26	4831.22	1817.87	2982.06	31.29
8-4	一砖内墙 M5 混合砂浆砌筑	100m²	2.203	1937.35	455.20	1439.67	42.48	4267.98	1002.81	3171.59	93.58
8-9	一砖外墙 M5 混合砂浆砌筑	100m²	1.820	1959.33	457.44	1459.11	42.78	3565.98	832.54	2655.58	77.86
（三）	混凝土及钢筋混凝土工程							11784.55	2280.90	9203.86	299.79
4-82	现浇圈量及过梁模板	m³	20.67	83.64	35.32	45.19	3.13	1728.84	730.06	934.08	64.70
4-42	现浇挑檐模板	m³	2.08	434.54	113.58	301.76	19.20	903.85	236.25	627.66	39.94
4-44	现浇整体楼梯模板	100m²	0.093	3554.16	2298.98	1150.30	104.88	330.54	213.81	106.98	9.75
4-46	现浇雨篷模板	100m²	0.019	2088.21	1112.85	889.20	86.16	39.67	21.14	16.89	1.64
4-47	现浇阳台模板	100m²	0.082	2501.06	1348.43	1011.82	140.81	205.09	110.57	82.97	11.55
4-1	C20混凝土	m³	26.863	174.50	24.56	144.62	5.32	4687.60	659.76	3884.93	142.91
4-16	钢筋	t	1.781	1932.87	123.53	1792.89	16.45	3442.45	220.01	3193.14	29.30
4章说明	多孔板灌缝	m³	17.34	25.75	5.15	20.60		446.51	89.30	357.21	
（四）	金属结构工程							422.82	57.64	332.08	33.10
5-22	金属栏杆（钢管为主）	100m	0.166	2547.07	347.23	2000.46	199.38	422.82	57.64	332.08	33.10
（五）	构件运输与安装工程							1274.55	155.00	31.96	1087.59
6-10	多孔板运输（15km）	100m³	0.173	6583.27	430.77	62.31	6090.19	1138.90	74.52	10.78	1053.60
6-74	多孔板安装	100m²	0.173	784.08	465.19	122.45	196.46	135.65	80.48	21.18	33.99
（六）	木作工程							8049.29	1178.74	6409.38	461.17
7-8	一玻一纱窗	100m²	0.306	11274.89	1754.22	8880.43	640.24	3450.11	536.79	2717.41	195.91
7-18	全板镶板门	100m²	0.093	8038.46	1092.75	6482.70	463.01	747.58	101.63	602.89	43.06
7-15	半玻镶板门	100m²	0.419	7431.01	1029.51	5973.04	428.46	3113.59	431.36	2502.70	179.53
7-26	连窗门	100m²	0.068	10853.06	1602.28	8623.22	627.56	738.01	108.96	586.38	42.67

注：1-8换：挖Ⅱ类土单价+190.11/100m³；8-1换：砖基础单价-防潮层费 36.38/10m³。

表 7-11

预　算　书　（二）

定额号	分部分项工程名称	计量单位	工程量	单价(元)	其中 人工费	其中 材料费	其中 机械费	合价(元)	其中 人工费	其中 材料费	其中 机械费
（七）	楼地面工程							5056.97	1335.22	3591.52	130.23
8-2	3：7灰土垫层	m³	45.95	29.76	9.24	19.64	0.88	1367.48	424.53	902.46	40.44
8-42	水泥砂浆中等楼面	100m²	1.10	804.18	245.33	537.44	21.41	884.59	269.86	591.18	23.55
8-44	混凝土垫层水泥砂浆中等地面	100m²	1.085	1681.77	337.39	1300.08	44.30	1824.72	366.07	1410.59	48.06
8-46	混凝土台阶	100m²	0.038	4457.05	864.58	3498.30	94.17	169.37	32.85	132.94	3.58
8-47	混凝土散水	100m²	0.378	1702.05	417.17	1253.42	31.46	643.37	157.69	473.79	11.89
8-54	水泥砂浆楼梯面层	100m²	0.093	1800.48	905.08	866.27	29.13	167.44	84.17	80.56	2.71
（八）	屋面工程							6207.60	843.20	5233.38	130.94
9-8	白灰炉渣找坡层 10cm 厚	100m²	1.363	1053.59	230.20	788.71	34.68	1436.04	313.76	1075.01	17.27
9-4	白灰炉渣找坡层 增1cm 厚	100m²	1.363	33.85	11.98	20.29	1.58	46.14	16.33	27.66	2.15
9-9	水泥睡石块保温层 10cm 厚	100m²	1.363	2203.88	163.21	2016.08	24.59	3003.90	222.46	2747.92	33.52
(9-10)×4	水泥睡石块保温层 减4cm	100m²	1.363	-595.92	-21.52	-572.12	-2.28	-812.24	-29.33	-779.80	-3.11
9-22	二毡三油一砂防水层	100m²	1.66	1304.70	159.96	1113.95	30.79	2165.80	265.53	1849.16	51.11
9-45	铁皮排水	100m²	0.138	2666.38	395.14	2271.24	/	367.96	54.53	313.43	
（九）	装饰工程							4946.00	2771.57	2002.73	171.70
10-1	石灰砂浆抹墙面	100m²	7.104	205.48	174.07	97.54	13.87	2028.04	1236.59	692.92	98.53
10-23	石灰砂浆零星项目	100m²	0.064	889.56	712.23	160.04	17.29	56.93	45.58	10.24	1.11
10-25	水泥砂浆抹外墙裙	100m²	0.675	504.30	186.76	300.76	16.78	340.40	126.06	203.01	11.33
10-30	水泥砂浆零星项目	100m²	1.013	1106.32	757.19	331.33	17.80	1120.70	767.03	335.64	18.03
10-54	水泥砂浆勾凹缝	100m²	1.204	95.43	83.64	11.28	0.51	114.90	100.70	13.58	0.62
10章说明	刷毛	100m²	1.168	50.00	10.00	35.00	5.00	58.40	11.68	40.88	5.84
10-58	石灰砂浆抹现浇天棚	100m²	0.26	437.12	178.94	246.62	11.56	113.65	46.52	64.12	3.01
10-59	石灰砂浆抹预制天棚	100m²	2.211	489.18	194.98	280.60	13.60	1081.58	431.10	620.41	30.07
10章说明	内墙抹灰架子	100m²	7.168	4.38	0.88	3.06	0.44	31.4	6.31	21.93	3.16
（十）	脚手架工程										
总说明	砌筑架子	100m²	2.767	309.00	61.80	216.30	30.90	855.00	171.00	598.5	85.5
	项目直接费合计							53611.15	14516.49	36218.03	2876.63
	产品构件								281.91	3823.88	167.62
产-88社	预应力多孔板（模板及混凝土）	10m³	1.76		141.72	1669.07	85.20		249.43	2937.56	149.95
产-61社	预应力多孔板成型钢筋	t	0.452		71.88	1960.88	39.09		32.48	886.32	17.67
4章说明	多孔板蒸汽养护费	m³	17.60	30.00	6.00	21.00	3.00	528.00	105.60	369.60	52.80

三、填写主材分析表计算市材价差

主材分析表如表7-12、7-13所示。

定额号	分项工程名称	计量单位	工程量	325号水泥 kg	425号水泥 kg	钢筋 t	模板等料 m³	门窗料 m³	玻璃 3mm, m²	油毡 m²	沥青 kg	钢管 kg
3-1 换	砖基础	10m³	4.998	649 / 3243.70	—	—	—	—	—	—	—	—
3-4	一砖内墙	100m²	2.203	1197 / 2636.99	—	—	—	—	—	—	—	—
3-8	一砖外墙	100m²	1.82	1222 / 2224.04	—	—	0.005 / 0.0091	—	—	—	—	—
4-1	C20混凝土	m³	26.863	—	367 / 9858.72	—	—	—	—	—	—	—
4-16	钢筋	t	1.781	—	—	1 / 1.781	—	—	—	—	—	—
4-32	现浇圈、过梁模板	m³	20.67	—	—	—	0.022 / 0.455	—	—	—	—	—
4-42	现浇挑檐模板	m³	2.08	—	—	—	0.381 / 0.793	—	—	—	—	—
4-44	现浇整体楼梯模板	100m²	0.0933	—	—	—	0.60 / 0.056	—	—	—	—	—
4-46	现浇雨篷模板	100m²	0.019	—	—	—	0.36 / 0.008	—	—	—	—	—
4-47	现浇阳台模板	100m²	0.0821	—	—	—	3.418 / 0.281	—	—	—	—	—
4章说明	预应力多孔板灌缝	m³	17.34	—	66 / 1144.44	—	—	—	—	—	—	—
产-88	预应力多孔板混凝土及模板	10m³	1.76	—	4730 / 8324.80	—	—	—	—	—	—	—
产-61	预应力多孔板成型钢筋	t	0.452	—	—	1.1 / 0.497	—	—	—	—	—	—
5-20	金属栏杆（钢管为主）	100m	0.166	—	—	0.288 / 0.048	—	—	—	—	—	0.63 / 0.105
6-10 6-74	多孔板运输与安装	100m³	0.1734	—	—	—	0.212 / 0.0367	—	—	—	—	—
7-8	一玻一纱窗	100m²	0.306	151.00 / 46.21	—	—	—	6.364 / 1.93	72.50 / 22.19	—	—	—
7-18	全玻璃板门	100m²	0.093	81.00 / 7.53	—	—	—	5.367 / 0.50	10.30 / 0.96	—	—	—
7-15	半玻璃板门	100m²	0.419	81.00 / 33.94	—	—	—	4.595 / 1.93	48.39 / 20.28	—	—	—

定额号	分项工程名称	计量单位	工程量	325号水泥 kg	425号水泥 kg	钢筋 t	模板 m³	门窗料 m³	玻璃 3mm, m²	油毡 m²	沥青 kg	钢管 kg
7-26	连窗门	100m²	0.068	82.00 / 5.58	—			6.285 / 0.43	57.48 / 3.91		—	—
8-2	8:7灰土垫层	m³	45.95	—								
8-42	水泥砂浆中等楼面	100m²	1.10	1799.00 / 1978.90								
8-44	混凝土垫层，水泥砂浆面层	100m²	1.085	3702.00 / 4016.67								
8-46	混凝土台阶	100m²	0.038	8257.00 / 313.77								
8-48	混凝土散水	100m²	0.378	2930.00 / 1107.54								
8-54	水泥砂浆楼梯面层	100m²	0.0933	2627.00 / 245.10								
9-8 + 9-4	白灰炉渣找坡层 （11cm）	100m²	1.363	—	816.00 / 1112.21						358.00 / 487.95	
9-9 — (9-10) ×4	水泥蛭石块保温层	100m²	1.363	—	816.00 / 1112.21						358.00 / 487.95	
9-22	二毡三油一砂防水层	100m²	1.66	—	1022.00 / 1696.52					224.00 / 371.84	623.00 / 1034.18	—
9-45	铁皮排水	100m²	0.138	—	—	—						—
10-1	石灰砂浆抹墙面	100m²	7.104	21.34 / 151.60								
10-28	石灰砂浆零星项目	100m²	0.064	257.74 / 16.50								
10-25	水泥砂浆抹外墙裙	100m²	0.675	998.21 / 673.79								
10-30	水泥砂浆零星项目	100m²	1.013	1111.57 / 1126.02								
10-54	水泥砂浆勾凹缝	100m²	1.204	34.29 / 41.29								
10章说明	剁毛费	100m²	1.168	—								
10-58	石灰砂浆抹现浇混凝土天棚	100m²	0.26	665.62 / 173.06								
10-59	石灰砂浆抹预制混凝土天棚	100m²	2.21	767.44 / 1696.04								
	材料总用量			19738.27	23248.90	2.326	1.639	4.81	47.34	371.84	2010.08	0.105

主材价差计算：

（1）325 号水泥价差＝（300－248）×19.738＝1026.38 （元）

（2）425 号水泥价差＝（320－255）×23.25＝1511.25（元）

（3）钢筋价差＝（3000－1771）×2.326＝2858.65（元）

（4）模板材料价差＝（1400－700.03×0.712）×1.639×1.35＝1994.88

（5）木门窗材料价差＝（1400－1003.72×0.497）×4.81×2＝8669.06

（6）玻璃价差＝（14－7.06）×47.34＝328.54

（7）油毡价差＝（2－1.52）×371.84＝178.48

（8）沥青价差＝（1.5－0.49）×2010.08＝2030.18

（9）钢管价差＝（4000－1856）×0.105＝225.12

市场材料价差总计＝18822.54（元）

四、填写分部工程项目直接费汇总表

分部工程项目直接费汇总表   单位：元   表 7-14

序　号	分部工程名称	项目直接费	其中：		
			人 工 费	机 械 费	材 料 费
一	土石方工程	2849.19	2069.92	278.88	5.39
二	砖石工程	12665.18	3658.22	202.73	8809.23
三	混凝土及钢筋混凝土工程	11784.55	2280.90	299.79	9203.86
四	金属结构工程	422.82	57.64	88.10	332.08
五	构件运输与安装	1274.55	155.00	1087.59	31.96
六	木作工程	8049.28	1178.74	461.17	6409.88
七	楼地面工程	5056.97	1335.22	130.23	3591.52
八	屋面工程	6207.60	848.28	130.94	5233.88
九	装饰工程	4946.00	2771.57	171.70	2002.73
十	脚手架工程	855.00	171.00	85.50	598.50
	单位工程费用合计	53611.15	14516.49	2876.68	36218.03
	产品构件费用合计		281.91	167.62	3828.88
	项目价差费用合计（蒸汽养护费）	528.00	105.60	52.80	389.60

五、计算单位工程施工图预算造价

单位工程施工图预算造价的计算，应根据各地区的费用定额和造价计算的有关文件进行计算。现以陕西省 1995 年费用定额和该地区的最新造价文件（96）212 号文件为例介绍单位工程施工图预算造价的计算方法。

（一）建筑工程各项费用的取费基础和费率

表 7-15、7-16、7-17、7-18、7-19、7-20、7-21 给出了建筑工程各项费用的取费基础和费率。

建筑工程其他直接费费率表　　　　表 7-15

工程类别		企业级别	取费基础	费率（%） 城区以内	城区以外
一般土建工程	一　类	县及县以上	定额直接费	4.13	3.46
	二　类			3.92	3.25
	三　类			3.77	3.10
	四　类			3.61	2.94
	不分工程类别	县　以　下		3.43	2.76
		包工不包料		3.93	
单项工程	人工土石方工程	县及县以上	人工费	8.01	
		县　以　下		5.85	
	机械土石方工程	县及县以上	定额直接费	1.43	
		县　以　下		1.18	
	机械打桩工程	县及县以上		2.83	
		县　以　下		1.79	
	构件吊装、运输	县及县以上		2.58	
	金属结构件制作	县及县以上		0.81	
		县　以　下		0.64	

建筑工程现场经费费率表　　　　表 7-16

工程类别		企业级别	取费基础	费率　%
一般土建工程	一　类	县及县以上	定额直接费	7.48
	二　类			6.47
	三　类			5.73
	四　类			4.72
	不分工程类别	县　以　下		2.95
		包工不包料		8.72
单项工程	人工土方工程	县及县以上	人工费	15.65
		县　以　下		13.37
	机械土方工程	县及县以上	定额直接费	6.46
		县　以　下		2.25
	机械打桩工程	县及县以上		7.21
		县　以　下		3.51
	构件吊装、运输	县及县以上		7.21
	金属结构件制作	县及县以上		4.32
		县　以　下		2.23

建筑工程间接费费率表　　　　　　　　　表 7-17

工程类别		企业级别	取费基础	费率 %
一般土建工程	一 类	县及县以上	预算直接费	6.97
	二 类			5.81
	三 类			5.26
	四 类			4.33
	不分工程类别	县 以 下		2.40
		包工不包料	人工费	11.50
单项工程	人工土石方工程	县及县以上		11.50
		县 以 下		10.43
	机械土石方工程	县及县以上	预算直接费	6.83
		县 以 下		2.25
	机械打桩工程	县及县以上		7.75
		县 以 下		3.36
	构件吊装、运输	县及县以上		7.75
	金属结构件制作	县及县以上		4.65
		县 以 下		2.34

注：1. 机械打桩、构件吊装运输的直接费不含桩或构件本身价值；
　　2. 单项工程中县以下企业均无计划利润。

建 筑 工 程 利 润 率 表　　　　　　　　　表 7-18

工程类别		企业级别	取费基础	费率 %
一般土建工程	一 类	县及县以上	预算直接费加间接费	10.50
	二 类			7.00
	三 类			3.50
	四 类			1.50
	不分工程类别	县 以 下		/
		包工不包料		/
单项工程	人工土方工程	国 营	人工费	25.00
		县以上集体		10.00
	机械土方工程	国 营	预算直接费加间接费	7.00
		县以上集体		2.50
	机械打桩工程	国 营		7.00
		县以上集体		2.50
	构件吊装、运输	国 营		7.00
	金属结构件制作	国 营		7.00
		县以上集体		2.50

工商营业、建设维护、教育附加税率表

表 7-19

纳税人所在地	税 率 %
纳税人在市区	3.51
纳税人在县和镇	3.44
纳税人不在县城和乡镇	3.32

产品构件增值税率表 （单位：%）

表 7-20

项 目		加工单位所属地区		
		西安市	县、镇	非市县镇
木门窗、钢框纤维板门		5.66	5.56	5.35
钢筋混凝土构件	省、市属企业	6.76	—	—
	社队企业	5.62	5.52	5.31
商品混凝土		5.51	5.41	5.20
构件差价		2.46	2.41	2.32

市材以外其他材料的综合调价系数表

表 7-21

结 构 类 型		地（市）行署所在地									
		西安	咸阳	宝鸡	渭南	银川	安康	汉中	商州	延安	榆林
砖混（实心砖）		1.0637	1.0552	1.0302	1.0419	1.0766	1.0710	1.0648	1.0285	1.1225	1.0416
砖混（空心砖）		1.0949	1.1335	1.0757	1.0804	1.0866	—	1.0667	1.1049	—	—
框架	空心砖为主	1.0431	1.0539	1.0213	1.0406	1.0427	—	1.0101	1.0531	—	—
	实心砖为主	—	1.0346	1.0104	1.0284	1.0344	1.0192	1.0142	1.0244	1.0794	1.0329
	硅酸盐砌块为主	1.0425	1.0456	1.0295	1.0284	1.0344					
	加气混凝土砌块为主	1.0665	—								
排架厂房		1.0461	1.0479	1.0180	1.0275	1.0509	1.0352	1.0330	1.0452	1.0936	1.0320
剪力墙（各内浇外砌）		1.0272	1.0295	1.0077	1.0253	1.0229	1.0058	0.9974	1.0061	1.0390	1.0344

注：1. 材差＝单位工程项目直接费（调价系数－1）；

2. 材料差价只计取税金不能取费，计算工程预算造价时，应列入预算造价的价差中。

（二）本工程实例施工图预算造价的计算

陕西省（95）费用定额规定，使用1993年《陕西省建筑工程综合预算定额》中的人工费、机械费的调整办法如下：

县及县以上建筑施工企业定额人工费调增100.1%；县以下建筑施工企业人工费调增21.77%。机械费不分企业级别及隶属关系均调增92.3%。

定额中架子工程费、塔吊增加费、超高费、内墙抹灰架子费、剁毛费等按人工费占20%、机械费占10%的比例和相应的调增系数计算调增部分费用。

以上调增费用均进入直接费参与取费。工程造价计算，见表7-22。

施工图预算造价费用分析表 表 7-22

序 号	费用名称	取费基础及计算公式	费率	费用金额（元）
(1)	项目直接费			58611.15
(2)	人工费调增	单位工程人工费14516.49×100.1%		14531.01
(3)	机械费调增	单位工程机械费2876.63×92.3%		2655.18
(4)	产品构件组价	（人工费×2.001÷机械费×1.923÷材料费）（1÷工厂经费率）＝281.91×2.001÷167.62×1.923÷3823.88×（1÷2.44%）		4825.24
(5)	定额直接费	(1)＋(2)＋(3)＋(4)		75622.53
(6)	其他直接费	(5)×其他直接费费率	2.94%	2223.30
(7)	现场经费	(5)×现场经费率	4.72%	3569.38
(8)	预算直接费	(5)＋(6)＋(7)		81415.21
(9)	间接费	(8)×间接费率	4.33%	3525.28
(10)	贷款利息	(8)×利率	1.99%	1620.16
(11)	利润	（(8)＋(9)＋(10)）×利润率	1.5%	1298.41
(12)	劳保基金	(8)×统筹基金费率	3.55%	2890.24
(13)	价差合计	①＋②＋③＋④		22878.15
	①市材价差			18822.54
	②其他材差（动态调价）	(1)×（调价系数−1）　调价系数为1.0637		3415.03
	③项目价差（蒸气养护）			528.00
	④道路建设维护费	(1)×费率	0.21%	112.58
(14)	不含税造价	(8)＋(9)＋(10)＋(11)＋(12)＋(13)		113627.45
(15)	税金	(14)×税率	8.51%	3388.32
(16)	产品构件增值税	(4)×增值税率	5.62%	271.18
(17)	含税造价	(14)＋(15)＋(16)		117886.95
(18)	单位平方米造价	(17)÷276.37		426.09

参 考 文 献

1 建设部. 全国统一建筑工程基础定额. 北京：中国计划出版社，1995
2 王维如. 建筑工程概预算技巧. 上海：同济大学出版社，1995.12
3 任玉峰等. 建设工程概预算与投标报价. 北京：中国建筑工业出版社，1995
4 丛培经. 工程建设目标控制与监理. 北京：北京科学技术出版社，1992
5 朱 嬿. 计算机辅助施工项目管理. 北京：中国建筑工业出版社，1996
6 吴之明等译. 现代工程建设管理. 北京：清华大学出版社，1995
7 曹善琪. 工程项目投资控制与监理手册. 北京：中国物价出版社，1995
8 徐大图. 建设工程造价管理. 天津：天津大学出版社，1989